集積回路工学

安永 守利 著
Moritoshi Yasunaga

森北出版株式会社

●本書のサポート情報を当社 Web サイトに掲載する場合があります．下記の URL にアクセスし，サポートの案内をご覧ください．

http://www.morikita.co.jp/support/

●本書の内容に関するご質問は，森北出版 出版部「(書名を明記)」係宛に書面にて，もしくは下記の e-mail アドレスまでお願いします．なお，電話でのご質問には応じかねますので，あらかじめご了承ください．

editor@morikita.co.jp

●本書により得られた情報の使用から生じるいかなる損害についても，当社および本書の著者は責任を負わないものとします．

■本書に記載している製品名，商標および登録商標は，各権利者に帰属します．

■本書を無断で複写複製（電子化を含む）することは，著作権法上での例外を除き，禁じられています．複写される場合は，そのつど事前に(社)出版者著作権管理機構（電話 03-3513-6969，FAX 03-3513-6979，e-mail：info@jcopy.or.jp）の許諾を得てください．また本書を代行業者等の第三者に依頼してスキャンやデジタル化することは，たとえ個人や家庭内での利用であっても一切認められておりません．

まえがき

　スマートフォンからスーパーコンピュータまで，現在ではすべての情報通信機器に集積回路が用いられている．さらに，情報通信機器だけではなく，家電製品や自動車にまで数多くの集積回路が使用されており，自動車では1台に100個近い集積回路が用いられているものも珍しくない．今後のIoT（Internet of Things）社会では，ますます集積回路の需要は高まり，その用途は広がるものと予測されている．20世紀末に，集積回路は"産業の米"とよばれた．今後は，"米"よりもさらに普遍的で欠くことのできない"水"や"空気"になるであろう．一方，"産業の水や空気"となってしまうことで，多くの技術者や科学者がそれを当たり前のようにとらえ，ブラックボックス化してしまうおそれがある．そのほうが設計や製造が効率的に進むからである．しかし，ブラックボックス化することからは，新たな技術は生まれない．次世代を支えるポスト集積回路技術が生まれるためには，多くの分野の技術者や科学者が集積回路の中身をよく知ることが必要であろう．

　このような背景のなかで，多くの学生や初学者に集積回路の中身をわかりやすく理解してもらい，集積回路に興味をもってもらうことを目的に本書を執筆した．そのために本書は，以下を特徴として全体を構成した．

1) 高等専門学校生や大学1,2年生の多くは，授業（「情報リテラシ」など）で基礎的な論理回路を学んでいる．本書は，多くの読者が無理なく集積回路を学べるように，この基礎的な論理回路の知識を出発点（1章）として，全体を構成している．そして，1章の知識をもとに，集積回路に関する重要事項である"半導体"，"トランジスタ"，"論理とメモリ回路"についてそれぞれを関連付けながら解説している（2章，3章，5章）．

2) 集積回路の性能のなかでもとくに大切な性能は，動作速度と消費電力である（たとえば，高速に動作し，かつ消費電力の少ないスマートフォンが求められている）．本書では，動作速度と消費電力について独立の章を設け，現象論だけではなく，そのメカニズムについて理論的，定量的に解説している（4章）．

3) 集積回路を用いたシステムの性能は，集積回路だけではなく，その実装技術に大きく依存する．とくに，集積回路を搭載する"パッケージ"と"プリント基板"は，集積回路とは切っても切れない構成要素である．本書では，集積回路自体の製造技術の解説（6章）に加え，実装技術についても紙面を割き，

パッケージやプリント基板の構造やその製造技術についてもわかりやすく，かつ詳しく解説している（7 章）．
4) 集積回路が実用化されて半世紀以上が経ち，その集積化技術（微細化技術）は飛躍的に向上した．この技術発展により，いまでは 10 億個以上の素子（トランジスタ）を集積することができ，さまざまな構成方式の集積回路が実現されている．本書では，大規模集積回路の設計に不可欠な設計技術とさまざまな集積回路の構成方式についても，初学者にとって十分な知識を提供するように執筆している（8 章）．

　本書は，大学の理工系学科や高等専門学校で集積回路を初めて学ぶ学生を対象としているが，専門学校や大学院，企業における社内教育にも利用できる内容であると考えている．本書により，多くの読者が集積回路に興味をもち，さらに専門的知識をつける契機となれば幸いである．

　最後に，本書の校正には，森北出版社の藤原祐介氏に大変ご尽力いただいた．ここに感謝の意を表する次第である．

2016 年 6 月

著　　者

目　　次

1 章　集積回路と論理ゲート ─────────────────── 1
　1.1　スイッチによる論理ゲートのハードウェア化　　3
　1.2　可変抵抗による論理ゲートのハードウェア化　　7
　1.3　論理式の直接ハードウェア化　　12
　演習問題　　15

2 章　半導体とトランジスタ ─────────────────── 16
　2.1　真性半導体と外因性半導体　　16
　2.2　pn 接合とダイオード　　20
　2.3　MOS トランジスタ　　24
　2.4　MOS トランジスタのモデルと動作　　30
　2.5　バイポーラトランジスタ　　39
　演習問題　　42

3 章　トランジスタによる論理回路 ─────────────── 44
　3.1　MOS トランジスタによる論理回路　　44
　3.2　ダイオードによる論理回路　　60
　3.3　バイポーラトランジスタによる論理回路　　62
　演習問題　　66

4 章　動作速度と消費電力 ─────────────────── 69
　4.1　CMOS 論理ゲート間の動作解析モデル　　69
　4.2　動作速度　　70
　4.3　消費電力 ─ダイナミックな消費電力─　　74
　4.4　消費電力 ─スタティックな消費電力─　　77
　4.5　スケーリング則　　79
　演習問題　　81

5 章　ラッチとメモリ ───────────────────── 82
　5.1　ディジタルシステムの記憶回路　　82
　5.2　ラッチ　　83
　5.3　メモリ集積回路の分類　　89

iv　目　次

  5.4　メモリ集積回路を用いたシステム構成例　91
  5.5　SRAM 集積回路　92
  5.6　DRAM 集積回路　96
  5.7　フラッシュメモリ集積回路　104
  演習問題　109

6 章　集積回路の構造と製造技術 ── 112
  6.1　トランジスタの構造と回路の構造　112
  6.2　レイアウト（レイアウト図）　116
  6.3　製造技術（前工程）　120
  6.4　LSI チップの面積と歩留まり　136
  演習問題　138

7 章　集積回路の実装 ── 139
  7.1　実装技術の位置づけ　139
  7.2　シリコンウェーハの検査とダイシング　142
  7.3　パッケージの基本構造　144
  7.4　パッケージの分類　145
  7.5　高密度パッケージと SiP　148
  7.6　TSV による LSI チップの積層技術（3 次元 LSI チップ技術）　150
  7.7　大型 LSI チップと WSI によるシステム　151
  7.8　プリント基板　152
  演習問題　157

8 章　集積回路の種類と設計技術 ── 158
  8.1　集積回路の分類　158
  8.2　セミカスタム LSI の構造　160
  8.3　プログラマブル・ロジックデバイス
        ──プログラマブルなセミカスタム集積回路──　167
  8.4　設計のフローと各ステージでの設計技術　176
  8.5　ハードウェア記述言語　183
  演習問題　192

演習問題解答 ── 193
索　　引 ── 210

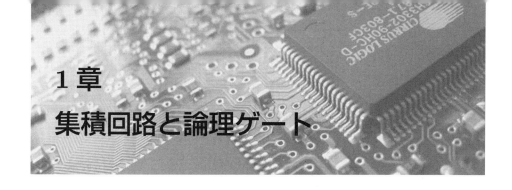

1章
集積回路と論理ゲート

　集積回路は，一つの**半導体チップ**の上に電子回路を一括製造した電子部品である．半導体チップは約 1 cm 四方の薄い半導体の基板であり，このような小さな基板の上に多数の素子からなる電子回路が形成されることから，"集積"回路とよばれる．集積回路の始まりは 1960 年頃である．その後，現在に至るまで集積化技術は目覚ましい進歩を遂げており，集積回路は，現代の情報通信機器ハードウェアを支える中心的な役割を果たしている．

　集積回路の対象は，ディジタル回路とアナログ回路の両方である．アナログ回路の場合は，集積する素子として，コンデンサやインダクタ，抵抗，トランジスタなど種類が多い．一方，ディジタル回路は主に**トランジスタ**だけで構成することができ，さらに，トランジスタの構造は微細化に適している（トランジスタについては，次章以降で詳しく説明する）．そのため，とくにディジタル集積回路は，約半世紀の間に飛躍的な発展を遂げてきた．例として，**図 1.1** にマイクロプロセッサ用の集積回路 1 個あたりの素子数（トランジスタ数）の推移を示す．図に見られるように，2015 年では，

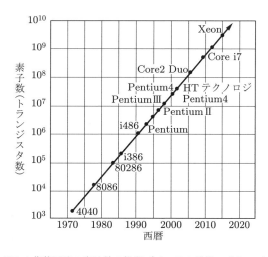

図 1.1　ディジタル集積回路の素子数の推移（インテル社製マイクロプロセッサの例）

10 億個以上の素子からなる回路を，一つの半導体チップの上に集積することが可能となっている．本書ではディジタル集積回路に焦点を当て，1 章では，はじめにディジタル回路の基本事項について解説する．そして，2 章以降では集積回路の材料と素子・回路の構成，製造方法，設計手法を中心に，集積回路の基本技術を解説する．

多くの読者は，「情報処理」や「論理回路」などの授業や書籍により，ディジタル回路は**論理ゲート**によって構成されることを学んでいるであろう．図 **1.2** に基本的な論理ゲートである NOT ゲート，AND ゲート，OR ゲートの記号と**真理値表**を示す．真理値表は，各論理ゲートのディジタル信号（論理値 "0" と "1"）の入出力関係を示している．これらの複数の論理ゲートを結線した**論理回路**によって，ハードウェアの機能や動作を表現することができる．このため，「論理ゲート＝ハードウェア」ととらえている学生や技術者は少なくない．しかし，論理ゲートは論理値 "0" と "1" の入出力関係を示しているだけで，実際に手で触れられる "もの"，すなわちハードウェアではない．

1 章では，2 章以降の説明に先立ち，まず論理ゲートをハードウェアとして実現するための基本的な考え方を説明する．具体的には，**スイッチ**によって論理ゲートが実現できることを説明する．スイッチは，電流を流すか流さないかを切り替えられるも

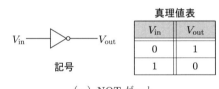

（a）NOT ゲート

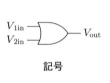

（b）2 入力 AND ゲート

（c）2 入力 OR ゲート

図 **1.2** 基本的な論理ゲートの記号と真理値表

のであれば，電灯やモータのオン/オフなどに用いられる日常生活上のスイッチでもよい．しかし，日常生活上のスイッチでは微細化ができず，集積化はまったく非現実的である．一方，半導体材料によって作成されるトランジスタはスイッチとしても動作し，微細化に最適である．トランジスタについては，2章以降で詳細に解説する．

1.1 スイッチによる論理ゲートのハードウェア化

1.1.1 順スイッチと逆スイッチ

スイッチによって論理ゲートが実現できることを説明するにあたり，最初に2種類のスイッチを考えよう．一つは**順スイッチ**（図1.3）であり，もう一つは**逆スイッチ**

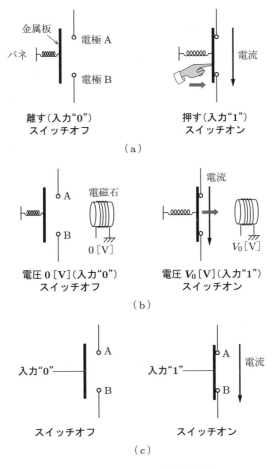

図 1.3　順スイッチの構成と動作

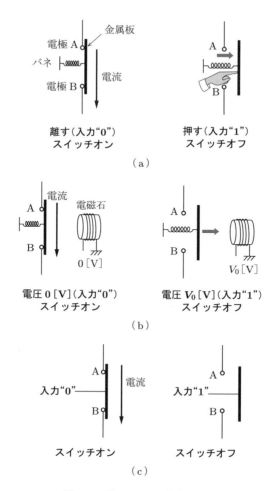

図 1.4 逆スイッチの構成と動作

（図 1.4）である．いずれも，日常生活で電灯やモータをオン/オフするときのスイッチの一例であり，金属板を電極 A と B に押し付けたときに電流が流れ（オン），離したときは電流は流れない（オフ）構造である．

ここで順スイッチは，図 1.3（a）のとおり，指でスイッチを押したときにオンとなり，指を離したときにオフとなる．押す動作を論理値 "1"，離す動作を論理値 "0" に対応づければ，"1" のときにオン，"0" のときにオフである．日常のスイッチは，押すとオンになるので，本書ではこれを順スイッチとよぶ．

また，指で押す代わりに，図 1.3（b）のように電磁石を用いてオン/オフさせることもできる．電磁石に高い電圧（High）を印加すると電磁石が動作し，金属板を引き付

けてスイッチはオンとなる．逆に，低い電圧（Low）にすると電磁石は動作せず，オフとなる．なお，ここでは High は $V_0\,[\mathrm{V}]$ （$V_0 > 0$），Low は $0\,[\mathrm{V}]$ とする．High を論理値 "1"，Low を論理値 "0" に対応づければ，"1" のときにオン，"0" のときにオフとなる[*1]．本書では，順スイッチを図 1.3（c）のように表記する．

一方，逆スイッチは，図 1.4 に示すように，順スイッチとは逆側に金属板を設ける．これにより，その動作は順スイッチとは逆になり，それぞれ図 1.4（a），（b）に示すように，論理値 "1"（指で押す/電圧 $V_0\,[\mathrm{V}]$）のときにオフとなり，論理値 "0"（指を離す/電圧 $0\,[\mathrm{V}]$）のときにオンとなる．これは "押すとスイッチがオフになる" という，日常で使われているスイッチとは逆の動作なので，本書ではこのスイッチを逆スイッチとよび，図 1.4（c）のように表記する．

1.1.2　順スイッチと逆スイッチによる論理ゲートの実現

ここで，図 1.5 に示すように，順スイッチと逆スイッチを直列接続した回路を考える．両スイッチは図 1.3（b）と図 1.4（b）に示した電磁石型として，入力 V_in には電圧 $V_0\,[\mathrm{V}]$（論理値 "1"）または $0\,[\mathrm{V}]$（論理値 "0"）を与えるものとする．入力 V_in に $V_0\,[\mathrm{V}]$ を与えた場合（左図），順スイッチがオンとなり，逆スイッチはオフとなる．したがって，出力 V_out はグランド（GND）と導通し，$V_\mathrm{out} = 0\,[\mathrm{V}]$ となり，出力の論理値は "0" となる．

逆に，入力 V_in に $0\,[\mathrm{V}]$ を与えた場合（右図），順スイッチはオフとなり，逆スイッ

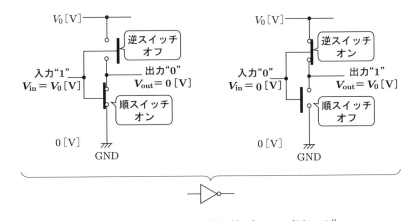

図 1.5　スイッチによる NOT ゲートのハードウェア化

[*1] このように，高い電圧（High）を論理値 "1" に，低い電圧（Low）を論理値 "0" に割り当てる論理を正論理とよぶ．逆に，Low を "1"，High を "0" に割り当てる論理を負論理とよぶ．ことわりがない限り，一般に正論理が用いられる．

チはオンとなる．これより，出力 V_{out} は電源（V_0 [V]）と導通し，$V_{\text{out}} = V_0$ [V] となり，出力の論理値は "1" となる．

以上をまとめると，図 1.5 の回路は，入力 "1" で出力 "0"，入力 "0" では出力 "1" となり，図 1.2（a）に示す NOT ゲートをハードウェアとして実現したことになる．

さらに，この 2 種類のスイッチを**図 1.6**，**図 1.7** のように接続した場合，その入出力の関係は図中の真理値表のようになり，それぞれ 2 入力 AND ゲートと 2 入力 OR ゲートを実現することができる．

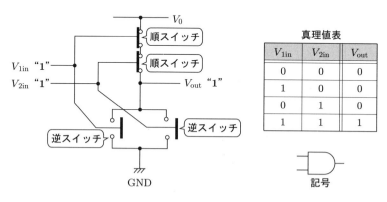

図 **1.6** スイッチによる 2 入力 AND ゲートの実現

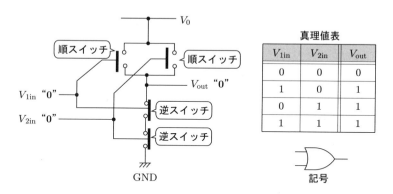

図 **1.7** スイッチによる 2 入力 OR ゲートの実現

以上のように，スイッチを用いることによって，論理ゲートを実際にハードウェア化することができる．「論理回路」ですでに学んだように，NOT，AND，OR の三つの基本論理ゲートによって，どのような論理回路も表現することができる（この三つの基本論理ゲートのセットは万能である）．したがって，スイッチがあればどのような論理回路もハードウェアとして実現することができる．

例題 1.1 順スイッチと逆スイッチを用いて，2 入力 NOR ゲートと 2 入力 NAND ゲートを実現しなさい．

解　答 図 1.8 と図 1.9 に，それぞれとの回路図と真理値表を示す．AND ゲート（図 1.6）と OR ゲート（図 1.7）のスイッチの種類を入れ替えたものが，それぞれ，NOR ゲート（図 1.8）と NAND ゲート（図 1.9）となっている．

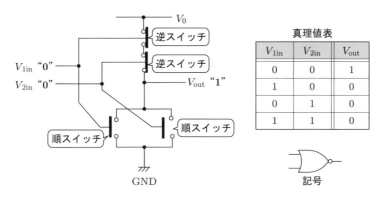

図 1.8　スイッチによる 2 入力 NOR ゲートの実現

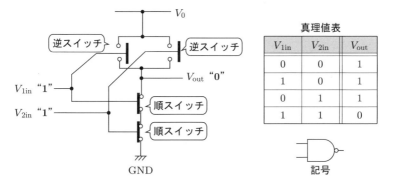

図 1.9　スイッチによる 2 入力 NAND ゲートの実現

1.2　可変抵抗による論理ゲートのハードウェア化

　本節と次節では，次章以降で学ぶトランジスタのスイッチとしての動作（スイッチング動作）を定量的に理解するための基礎事項を解説する．本節の理解には若干の電気回路に関する知識を必要とする．そのため，電気回路に不馴れな読者は，まずは本節と次節を読み飛ばして次章に進み，その後あらためて本節を読み直すことを勧める．

可変抵抗は，音声や温度などの変化を連続的に制御する電子機器に広く用いられている電子部品であり，その抵抗値（電気抵抗の値）を変化させることができる電子部品である．可変抵抗の構造にはさまざまなものがあるが，その原理は**図 1.10**（a）に示すとおりである．図に示す"端子"を指でスライドし，電極 A と B の間の抵抗体の長さを変化させることで，電極 A と B の間の抵抗値を変化させることができる．図（a）では，端子を上に移動させるほど抵抗値は低くなり，逆に，下に移動させるほど抵抗値は高くなる．なお，本書ではこの可変抵抗の記号として，図（b）を用いる．

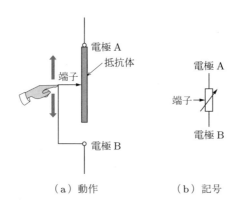

図 1.10　可変抵抗の動作と記号

前節で説明したスイッチは，オンのときにはその抵抗値が $0\,[\Omega]$ となり，オフのときに $\infty\,[\Omega]$ になる．したがって，抵抗値が低抵抗（$0\,[\Omega]$）から高抵抗（$\infty\,[\Omega]$）に変化する可変抵抗もスイッチの一種であり，可変抵抗を用いても論理ゲートを実現することができる．トランジスタはこの可変抵抗の特性をもっている．すなわち，トランジスタはスイッチの一種であり，図 1.10（a）に示す"指による端子のスライド"と同等の動作を，外部から与えた電圧や電流によって可能にした電子部品（素子）である．なお，次章以降で説明するように，トランジスタは図（b）と同様に三つの端子（図（b）では電極 A と B，および端子）をもつ．このような素子を **3 端子素子**とよぶ[*1]．

トランジスタにはその動作原理や構造がまったく異なるいくつかの種類があり，それぞれの特性を活かした論理ゲートが提案され，実用化されている．しかし，どのトランジスタも，可変抵抗の一種であることでは同じである．したがって，可変抵抗を用いた論理ゲートの動作を理解することで，トランジスタを用いた論理ゲートの動作を普遍的，統一的に理解することができる．以後本節では，可変抵抗を用いた論理ゲートの動作を説明しよう．

---

*1 固定抵抗器やコンデンサ（キャパシタ），コイル（インダクタ）は 2 端子素子である．

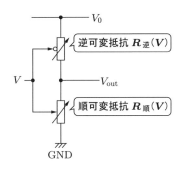

図 1.11 可変抵抗スイッチモデルによる NOT ゲート

図 1.5 に示す NOT ゲートを可変抵抗で実現した場合の回路図を，**図 1.11** に示す．ここで，可変抵抗は外部から与える電圧 V によって抵抗値を変化させることができるとし，外部から与える電圧 V が高いほど抵抗値が下がる可変抵抗を**順可変抵抗**とよぶことにする．逆に，電圧 V が高いほど抵抗値が上がる可変抵抗を**逆可変抵抗**とよぶことにする（それぞれ，前節の順スイッチと逆スイッチに対応する）．本書では，順可変抵抗には図 1.10（b）の記号を用い，逆可変抵抗には端子の前に○印をつけた記号を用いる．また，それぞれの抵抗値を $R_{順}(V)$，$R_{逆}(V)$ と記す．

ここで，可変抵抗の抵抗値は，$r\,[\Omega]$ を最小値，$R\,[\Omega]$ を最大値として，$r \ll R$ の関係があるものとする．また，$V = 0\,[\mathrm{V}]$ のとき $R_{順}(0) = R$，$R_{逆}(0) = r$ であり，$V = V_0\,[\mathrm{V}]$ のときは $R_{順}(V_0) = r$，$R_{逆}(V_0) = R$ とする．以上で与えられた値から，出力電圧 V_{out} を計算することができる．一方，計算せずとも作図により電圧 V_{out} を得ることもできる．初学者にとっては可変抵抗による動作を，より直感的，視覚的に理解することが重要であるため，本節では作図による動作解析を説明しよう．

はじめに，作図による解析の基本事項を示す（**図 1.12**）．可変抵抗の抵抗値が変化するということは，図 1.12（a）に示すとおり，その電流 I と電圧 V の関係を示す直線の傾きが変化するということである．抵抗値が大きいときは傾きは小さく，小さいときは傾きは大きくなる．図（b）では，二つの抵抗 R_1 と R_2（ここでは二つとも固定抵抗値としている）が直列につながれていて，電圧 V_0 を加えている．ここで，両抵抗の接続点の電圧 V_{out} と両抵抗を流れる電流 i を作図で求めるには，R_1 の電圧と電流の関係（直線）を図のように原点 0 から引く．一方，抵抗 R_2 の電圧と電流の関係を示す直線を，V_0 を原点として，ちょうど 0 を原点としたときの直線を折り返すように引く．この図から，電圧 V_{out} と電流 i は，両直線の交点（これを**動作点**とよぶ）によって求めることができる．

図 1.12 を踏まえ，図 1.11 の動作を作図で解析しよう（**図 1.13**）．入力電圧 $V = V_0\,[\mathrm{V}]$

10　1章　集積回路と論理ゲート

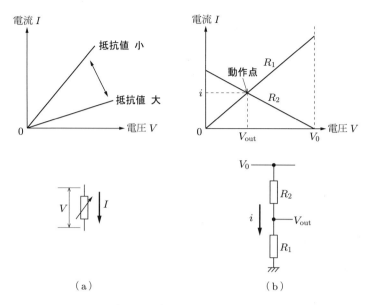

図 1.12　作図による動作の解析

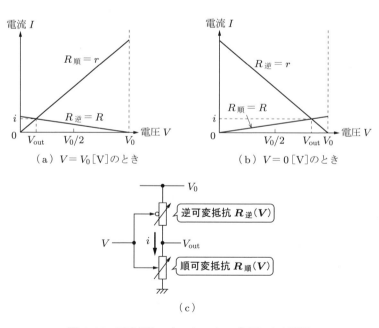

図 1.13　可変抵抗スイッチモデルの作図による理解

のときは，図 1.13（a）に示すように $R_{順}(V_0) = r$，$R_{逆}(V_0) = R$ である．一方，入力電圧 $V = 0\,[\mathrm{V}]$ のときは，図（b）に示すように $R_{順}(0) = R$，$R_{逆}(0) = r$ である．それぞれの交点（動作点）により，V_{out} と i が求められる．

ここで，出力が $V_{\mathrm{out}} > V_0/2$ のときは論理値は "1" であり，$V_{\mathrm{out}} < V_0/2$ のときは論理値は "0" と判定できる（$V_0/2$ は**論理しきい値**，あるいは**論理しきい電圧**とよばれる）．このように作図による動作点から，$V_{\mathrm{out}} \sim 0\,[\mathrm{V}]$ のときは論理値 "0"，$V_{\mathrm{out}} \sim V_0\,[\mathrm{V}]$ のときは論理値 "1" となることが一目でわかる．なお，図（a）と図（b）とでは，流れる電流 i は同じ値となる．

トランジスタも上述の可変抵抗と同様に，その抵抗値を電圧や電流によって変化させることができる．トランジスタの電流と電圧の関係は非線形であるため，図 1.12，図 1.13 のような直線にはならない．しかし，この動作解析の考え方はトランジスタにおいても適用でき，重要である．

例題 1.2 論理ゲートを可変抵抗で構成する際，一部の可変抵抗を固定抵抗で置き換えることもできる．図 1.14（a）では図 1.13 の逆可変抵抗を固定抵抗 R_0 に置き変え，その値は $r < R_0 < R$ としている．

（1）図 1.14（a）に示す回路の動作を作図によって解析し，NOT ゲートとして動作することを確かめなさい．

（2）すべて可変抵抗で構成した NOT ゲート（図 1.13（c））と一部を固定抵抗で置き換えた回路（図 1.14（a））を比較し，その得失を述べなさい．

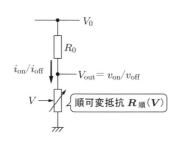
（a）固定抵抗スイッチと可変抵抗スイッチを用いた回路モデル

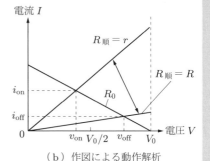
（b）作図による動作解析

図 1.14

解 答

（1）図 1.14（b）に，作図による動作解析を示す．順可変抵抗の抵抗値の変化に従って動作点は図のとおりに変化し，順可変抵抗が $R_{順}(V_0) = r$ のとき $V_{\mathrm{out}} = v_{\mathrm{on}} < V_0/2$ であ

り，出力は "0" となる．一方，順可変抵抗が $R_順(0) = R$ のときは $V_{out} = v_{off} > V_0/2$ であり，出力は "1" となる．このように，図 1.14（a）においても NOT ゲートを実現することができる．

（2）この置き換えにより，可変抵抗（具体的にはトランジスタ）の数を減らすことが可能である．これにより，論理ゲートを半導体で製造したときの面積を減らすことや，製造のプロセスを簡略化することができる．

一方，図 1.13 と比較すれば明らかなように $i_{on} > i_{off}$ であり，i_{off} は図 1.13 の i と同程度に小さくできるが，i_{on} は小さくできない．これは論理ゲートの消費電力を増加させる．また，動作点の電圧（図 1.13 では V_{out}，図 1.14（b）では v_{on}, v_{off}）と論理しきい値 $V_0/2$ との電圧差（この電圧差は**論理マージン**，あるいは**ノイズマージン**とよばれる）が大きいほど，外部ノイズなどに強く，信頼性の高い論理動作が保証される．図 1.13 と比較すると，図 1.14（b）の論理マージンは小さくなる．

1.3 論理式の直接ハードウェア化

前節まで，スイッチやその一種である可変抵抗による基本論理ゲート（NOT, AND, OR, NAND, NOR ゲート）のハードウェア化を説明した．本節では，スイッチを用いることでより複雑な**論理式**を直接ハードウェア化することも可能であることを説明しよう．図 **1.15** にその例を示す．この例では，三つの順可変抵抗（順スイッチ）と三つの逆可変抵抗（逆スイッチ）を図のように接続することで，入力 A, B, C に対して出力 $Z = \overline{(A+B) \cdot C}$ の論理式をハードウェア化している．このように，基本論理ゲートよりも複雑な論理式をスイッチによって直接ハードウェア化することも可能で

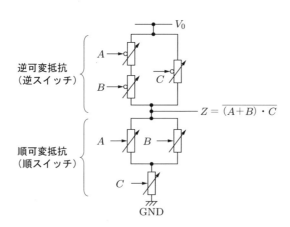

図 **1.15**　可変抵抗スイッチによる論理式の実現例 1

ある.

　ここで，図 1.15 では可変抵抗が 6 個あるため，可変抵抗ごとに電流と電圧の関係を作図により動作解析することは，かえって理解を難しくする．しかし，図 1.15 は，上部の逆可変抵抗群が全体として低抵抗（全体としてスイッチオン）のときは，下部の順可変抵抗群が全体として高抵抗（全体としてスイッチオフ）となるように，また，その逆になるように接続されている．そのため，上部の逆可変抵抗群を図 1.13 の逆可変抵抗，下部の順可変抵抗群を図 1.13 の順可変抵抗とみなすことができる．これより，全体の動作は図 1.13 と同様に理解することができる．したがって，上部の逆可変抵抗群か下部の順可変抵抗群のどちらかに着目すれば，論理式も容易に求めることができる．

　スイッチ（可変抵抗）による論理式の設計については，3 章においてその基本的な手法を解説するが，ここでは図 1.15 の論理式について，具体的につぎのように考えてみよう．まず，順可変抵抗群と逆可変抵抗群のどちらに着目するかであるが，入力 "1" でオンとなる順可変抵抗（順スイッチ）のほうが考えやすい．下部の順可変抵抗群に着目すると，A と B の少なくとも一方の入力が "1" でスイッチがオン（低抵抗）であり，かつ C の入力が "1" でオンのときに順可変抵抗群が全体でオンとなる．すなわち，$(A+B) \cdot C$ の値が "1" のときに出力が $Z = 0\,[\mathrm{V}]$ となるので，論理式は $Z = \overline{(A+B) \cdot C}$ となる．

　なお，これまで本章では，理想的なトランジスタのモデルとして順可変抵抗（順スイッチ）と逆可変抵抗（逆スイッチ）を導入し，論理回路の動作を説明した．一方，2 章以降で説明する実際のトランジスタでは，AND ゲート（図 1.6）と OR ゲート（図 1.7）を複数個接続した場合，論理回路全体の信頼性や動作速度が低下する．このため，実際は，NOR ゲート（図 1.8）と NAND ゲート（図 1.9）が用いられている．

　さらに，図 1.13 や図 1.15 に示すような電源とグランドの間に接続された可変抵抗群による回路構造のほかにも，**図 1.16** に示すように，前段と次段の論理回路の間に可変抵抗（スイッチ）を接続することで論理回路を構成することもできる．この回路構成によれば，入力信号 S が $V_0\,[\mathrm{V}]$（論理値 "1"）のとき，上段の順可変抵抗が低抵

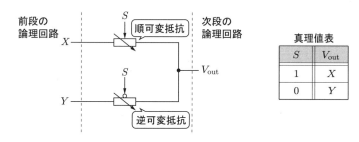

図 1.16　スイッチによるセレクタ回路の実現

抗（順スイッチがオン）となり，下段の逆可変抵抗が高抵抗（逆スイッチがオフ）となる．一方，S が 0 [V]（論理値 "0"）のときは上段が高抵抗（オフ），下段が低抵抗（オン）となる．可変抵抗が低抵抗（スイッチがオン）のときは前段と次段の論理回路どうしは導通し，高抵抗（オフ）のときは非導通となる．したがって，図 1.16 の例では，図中の真理値表のとおりに，S が 1 のときに V_{out} は X の値を出力し，S が 0 のときは Y の値を出力する．これは，代表的な組合せ論理回路の一つである**セレクタ回路**である．

なお，このような前段と次段の論理回路の間に入れることができるスイッチは，トランジスタの種類によっては実現が難しいこともある．詳細は，3 章でトランジスタの動作機構とともに解説する．

例題 1.3 図 1.17 に示す回路の論理式（入力は A, B, C，出力は Z）を示しなさい．この回路では，上部の順可変抵抗群が全体として低抵抗（全体としてスイッチオン）のときは，下部の逆可変抵抗群が全体として高抵抗（全体としてスイッチオフ），また，その逆になるように接続されている．この接続関係から，図 1.15 と同様に容易に論理式を導くことができる．

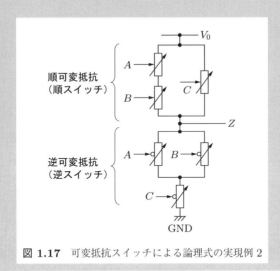

図 1.17 可変抵抗スイッチによる論理式の実現例 2

解答 上部の順可変抵抗群に着目すると，少なくとも C の入力が "1" で C がオンであるか，あるいは A と B の入力が両方とも "1" で A と B の両方がオンであれば，順スイッチ群全体がオンとなる．すなわち，$(A \cdot B) + C$ の値が "1" のときに出力が $Z = V_0$ [V] となるので，論理式は $Z = (A \cdot B) + C$ となる．

演習問題

1.1 図 1.18 に示す回路において，$R = 4\,[\Omega]$, $r = 2\,[\Omega]$, $V_0 = 12\,[V]$ のとき，電流 I と電圧 V_out を作図によって求め，解析的に求めた値と一致することを確認しなさい．

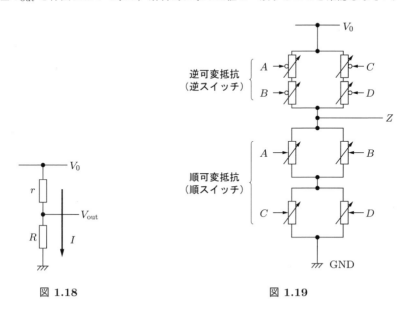

図 1.18　　　　　　図 1.19

1.2 図 1.19 に示す 4 入力 (A, B, C, D)，1 出力 (Z) の回路がある．この回路の出力 Z の論理式を示しなさい．

1.3 順可変抵抗と逆可変抵抗を用いて，論理式
$$Z = (A \cdot B \cdot C) + D$$
を実現する 4 入力 (A, B, C, D)，1 出力 (Z) の回路を設計しなさい．

1.4 図 1.20 に示す 2 入力 (A, B)，1 出力 (Z) 回路がある．この回路の出力 Z の論理式を示しなさい．

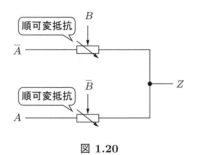

図 1.20

2章
半導体とトランジスタ

　半導体を用いた電子素子であるトランジスタは，前章で解説したスイッチ（可変抵抗）として動作する．本章では，はじめにトランジスタをつくる材料である半導体について説明する．そして，トランジスタの構造とスイッチとして動作する原理について解説する．

2.1　真性半導体と外因性半導体

　半導体とはその名のとおり，電気抵抗の観点で"半分"導体とみなせる物質であり，その電気抵抗の値は，金属などの伝導体（電導体）と絶縁体の中間にある．代表的な半導体は**シリコン**（元素記号は Si）であり，ディジタル集積回路のほとんどはシリコンをベースに製造されている．半導体は，そのままではスイッチング動作をすることはできない．しかし，電気抵抗が伝導体と絶縁体の中間にあるため，"うまい工夫"をすることでスイッチング動作をさせることが可能となる．このうまい工夫を実現したものが，トランジスタである．

　不純物が含まれていない半導体を**真性半導体**（intrinsic semiconductor）とよぶ．一方，トランジスタなどのデバイス（電子素子）は，わずかな不純物を意図的に加えた半導体により構成される．不純物を加えた半導体を**外因性半導体**（extrinsic semiconductor）とよぶ．トランジスタは2種類の外因性半導体から構成されており，本章でははじめに，シリコンを対象として，真性半導体と外因性半導体の概略を説明する．

　図 2.1 に真性半導体としてのシリコンを示す．ここでは，1個のシリコン原子を4個の**最外殻電子**とそれ以外の構造（最外殻電子以外の電子と原子核）に分けて記載している．最外殻電子はシリコン原子のもっとも外側に位置する電子であり，電子素子において重要な役割を果たす．シリコンの結晶では，図中に示すようにシリコン原子どうしが最外殻電子を共有し，あたかも1個のシリコン原子が8個の最外殻電子をもつように結合する．

　最外殻電子が8個存在する構造は安定であり，シリコンの結晶は，このような結合（これを共有結合とよぶ）状態により安定な結晶構造となる．ここで最外殻電子は，共

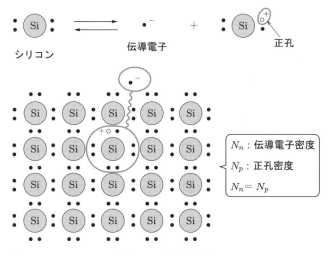

図 2.1 真性半導体

有結合により局在しているが，ある確率で局在位置から離れることがある．この電子は電流に寄与する電子であり，**伝導電子**（conduction electron）とよばれる．ほとんどの電子が局在せずに伝導電子として自由に結晶中を動くことができれば導体となり，また，電子が完全に局在化してしまえば絶縁体となる．シリコンは，導体と絶縁体の中間の状態にある．

ここで，最外殻電子が局在位置から離れた場合，その最外殻電子がそれまで存在していた場所は最外殻電子の脱け穴となる．そして1個の原子は電気的に中性であるため，この脱け穴はあたかも正の電荷をもった粒子とみなせ，実際に正の荷電粒子として振る舞うことがわかっている．この正の荷電粒子を**正孔**（hole）とよぶ．真性半導体では，伝導電子と正孔が電流の担い手となり，これらは**キャリヤ**（carrier）とよばれる．そして最外殻電子の脱け穴が正孔になることから，伝導電子と正孔の密度 N_n と N_p は等しくなる．つまり，真性半導体のキャリヤ密度（真性キャリヤ密度）N_i は

$$N_i = N_n = N_p \tag{2.1}$$

である．

真性半導体であるシリコンを外因性半導体にするために加える不純物として，たとえばリン（元素記号 P）やホウ素（元素記号 B）がある．シリコンが4価元素（最外殻電子数は4）であるのに対して，リンは5価元素（最外殻電子数は5）でホウ素は3価元素（最外殻電子数は3）である．

リン（P）を不純物としてシリコンに加えた外因性半導体を，**図 2.2** に示す．リン

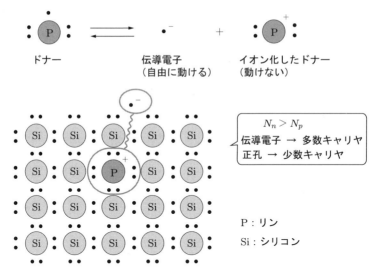

図 2.2 外因性半導体（n型半導体）

は最外殻電子を1個手放すことでシリコンに似た構造となり，シリコン結晶中に入り込む．ここで，電子を1個手放したことにより，リンは正の電荷を帯びた原子（イオン）となる．手放された最外殻電子は伝導電子として振る舞い，電流の担い手となる．リンは，電子をシリコン結晶に"与える"不純物であり，**ドナー**（donor）とよばれる．ドナーの量は微量であり，真性半導体としてのシリコン（$N_n = N_p$）に対してわずかに伝導電子の量を増やすこととなる．そのため，伝導電子と正孔の密度の関係は，$N_n > N_p$ となる．ドナーを不純物として加えた外因性半導体を，**n型半導体**とよぶ．

一方，ホウ素（B）を不純物として加えた外因性半導体を，**図2.3**に示す．ホウ素は電子を1個取り込むことでシリコンに似た構造となり，シリコン中に入り込む．電子を取り込むため，取り込まれた電子の脱け穴は正孔となる．すなわち，ホウ素は正孔を1個手放して負の電荷を帯びた原子（イオン）となり，正孔は電流の担い手となる．ホウ素はシリコン結晶中から電子を受け取る不純物であり，**アクセプタ**（acceptor）とよばれる．このため，リン（P）を不純物として加えた場合とまったく逆の関係が成り立ち，$N_n < N_p$ となる．アクセプタを不純物として加えた外因性半導体を，**p型半導体**とよぶ．

外因性半導体において，密度が高いほうのキャリヤ（n型半導体ならば伝導電子，p型半導体ならば正孔）を多数キャリヤとよび，密度が低いほうのキャリヤ（n型半導体ならば正孔，p型半導体ならば伝導電子）を少数キャリヤとよぶ．そして熱平衡時には，

$$N_n \cdot N_p = N_i^2 \tag{2.2}$$

の関係が成り立つことが知られている．

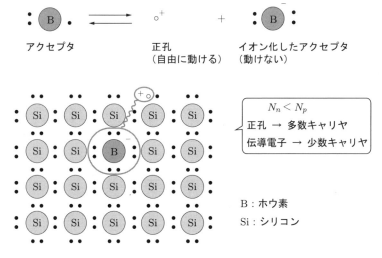

図 2.3 外因性半導体（p 型半導体）

例題 2.1 シリコン中に不純物としてリン（P）とホウ素（B）の両方を注入した場合，この外因性半導体の多数キャリヤ密度は，両不純物の密度の差と等しくなることが知られている（両不純物の伝導電子と正孔はたがいに再結合して消滅するため，密度の高い一方のみ残る）．シリコン中のリン（P）の密度が $3.25 \times 10^{16}\,[\mathrm{cm^{-3}}]$，ホウ素（B）の密度が $3.00 \times 10^{16}\,[\mathrm{cm^{-3}}]$ であるとき，このシリコンの多数キャリヤ密度と少数キャリヤ密度を求めなさい．なお，シリコンの真性キャリヤ密度 N_i は $1.5 \times 10^{10}\,[\mathrm{cm^{-3}}]$ であることが知られている．

解 答 リン（P）のほうが密度が高いため，この半導体は n 型であり，その密度差は

$$3.25 \times 10^{16} - 3.00 \times 10^{16} = 0.25 \times 10^{16} = 2.5 \times 10^{15}\,[\mathrm{cm^{-3}}]$$

と計算でき，これが多数キャリヤ密度 N_n である．少数キャリヤ密度 N_p は式 (2.2) より計算でき，$N_i = 1.5 \times 10^{10}\,[\mathrm{cm^{-3}}]$ より

$$N_p = \frac{N_i^2}{N_n} = \frac{2.25 \times 10^{20}}{2.5 \times 10^{15}} = 9.0 \times 10^4\,[\mathrm{cm^{-3}}]$$

である．

2.2 pn接合とダイオード

2.2.1 pn接合の性質

n型半導体とp型半導体をつぎ合わすことを**pn接合**とよぶ．pn接合を利用したもっとも基本的なデバイスが**ダイオード** (diode) である．ダイオードをスイッチとして利用し，実用的な論理ゲート構成することは実際には困難であるが，pn接合は半導体の現象を理解するうえでの基本となる．そこで，本節ではダイオードの動作を解説しよう．

n型半導体は伝導電子が多数キャリヤであるため，動ける負の荷電粒子と動けない正のイオンとして，n型半導体をモデル化する（**図 2.4**（a）の右側）．一方，p型半導体は正孔が多数キャリヤであるため，動ける正の荷電粒子と動けない負のイオンとしてモデル化する（図（a）の左側）．ここで，n型半導体とp型半導体を接合した場合（図（b）），伝導電子の密度が高いn型半導体からは，密度が低いp型半導体へ伝導電子が移動する．逆に，正孔の密度が高いp型半導体からは，密度が低いn型半導体へ正孔が移動する．このように，粒子が密度を均一にするために密度が高い場所から低い場所へ移動する現象は**拡散現象**とよばれ，pn接合においては，接合面近傍でこの拡散現象が発生する．そして，移動した伝導電子と正孔がそれぞれ正孔と伝導電子と出合うことで消滅する（正負の粒子が出合うことで再結合し，消滅する）．

拡散が進み，伝導電子と正孔が出合って消滅する現象が進むことで，pn接合面近傍には伝導電子と正孔がなくなり，正負のイオンのみがpn接合面近傍に残る（図（c））．p型半導体の負イオンはn型半導体からの伝導電子の拡散による流入を妨げ，逆に，n型半導体の正イオンはp型半導体からの正孔の拡散による流入を妨げる（それぞれ同種の電荷であり，反発力が発生するため）．これは，正負イオン間に発生した電界 E_b（これを**内部電界**とよぶ）[*1]により，伝導電子と正孔が拡散方向とは逆方向に移動する現象であり，**ドリフト現象**とよばれる．最終的には，拡散現象とドリフト現象がつり合い，pn接合面近傍に正負のイオンの層が生成され，安定（平衡状態）となる．このような，伝導電子と正孔が非常に少なく，正負のイオンのみと見なせる層は**空乏層**とよばれる（または，**空間電荷領域**ともよばれる）．なお，空乏層に対して，伝導電子と正孔が存在してイオンの電荷が中和されている領域は，**中性領域**とよばれる．

内部電界 E_b による電位差は約 0.7 [V] であり，この電位差 V_b を**内蔵電位** (built-in potential) とよぶ．電位差 V_b は，伝導電子と正孔の流入を妨げる，いわばpn接合面での"壁"のようなはたらきをする．

ここで，接合したn型半導体とp型半導体に外部から電圧 V_{ex} を印加する．図（d）

[*1] 電界と磁界は，それぞれ電場，磁場ともよばれる．本書では"電界"，"磁界"を用いる．

2.2 pn 接合とダイオード　21

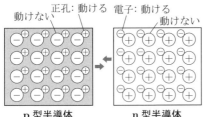

（a）pn 接合

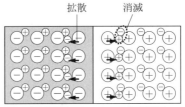

（b）拡散現象

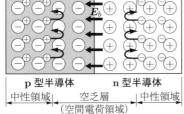

（c）平衡状態

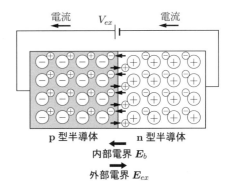

（d）順方向接続

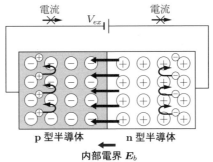

（e）逆方向接続

図 2.4　ダイオードの動作原理

のように，p 型半導体側を正極，n 型半導体側を負極にして印加した場合（これを**順方向接続**とよぶ），この V_{ex} による外部電界 $\boldsymbol{E}_{ex}$ は $\boldsymbol{E}_b$ とは向きが逆であり，$\boldsymbol{E}_b$ を打ち消すようにはたらく．このため，V_{ex} を上げていき，V_b との差が $0\,[\mathrm{V}]$ に近づくと，拡散現象を妨げていたドリフト現象が急激に小さくなる．すなわち，伝導電子と正孔の流入を妨げていた pn 接合面での壁の高さが低くなる．これにより拡散現象とドリフト現象の均衡が破れ，拡散現象が急激に強まり，伝導電子と正孔が対向領域に流れ込む．すなわち，電流が流れ出す．このように，接合した p 型半導体と n 型半導体に外部から順方向電圧を印加すると，$V_{ex} = V_b$ 近傍で急激に電流が流れるようになる．なお，この意味で $V_b \sim 0.7\,[\mathrm{V}]$ を**しきい電圧**ともよび，V_{th} と記すこともある[*1]．

一方，図 (e) のように，p 型半導体側を負極，n 型半導体側を正極にして印加した場合（これを**逆方向接続**とよぶ），$\boldsymbol{E}_{ex}$ は $\boldsymbol{E}_b$ とは向きが同じであり，pn 接合面の壁を高めるようにはたらくため，電流は流れない（実際は，量子力学的な効果により，次項の式 (2.3) に示すわずかな電流が流れる）．

このようにダイオードは，しきい電圧以上の順方向電圧を印加した場合は電流が流れるが，逆方向電圧を印加した場合には電流が流れないという特徴（1 方向にのみ電流が流れるという特徴）をもつ[*2]．

2.2.2 ダイオードの特性

ダイオードは 2 端子素子であり，**図 2.5** に，ダイオードの回路記号と電圧 – 電流特性（印加する電圧 V_{ex} と電流 I_{DOD} 関係）を示す．回路記号中の矢印（三角形）の向

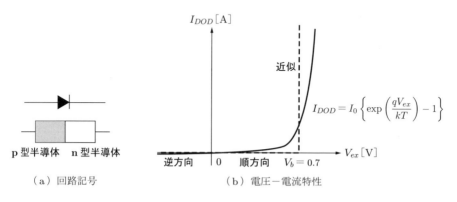

(a) 回路記号 (b) 電圧 – 電流特性

図 2.5 ダイオードの回路記号と電圧 – 電流特性

[*1] 1 章で説明した "論理しきい電圧" とは異なるので，混同しないように注意が必要である．
[*2] 逆方向電圧が大きな値（～5 [V]）を超えると，"ブレークダウン" とよばれる現象により，急激に逆方向の電流が流れる．この現象は絶縁体の破壊に似た現象であり，本書の対象範囲を超えるため，説明は割愛する．

きは，順方向電圧によって流れる電流（p 型半導体から n 型半導体へ流れる電流）を示している．

ダイオードに流れる電流 I_{DOD} は，

$$I_{DOD} = I_0 \left\{ \exp\left(\frac{qV_{ex}}{kT}\right) - 1 \right\} \tag{2.3}$$

で与えられる．ここで，I_0 はダイオードの接合面積や不純物濃度などから導出される飽和電流である．また，q は素電荷（1.6×10^{-19} [C]），k はボルツマン定数（1.381×10^{-23} [J/K]），T [K] は温度（絶対温度）である．

$V_{ex} = V_b = V_{th}$（~ 0.7 [V]）近傍で，電流は急激に増加する．これは上述したとおり，空乏層の"壁"が小さくなったため，伝導電子と正孔の拡散現象が急激に進んだことによる．なお，式 (2.3) で表されるように，逆方向電圧でもわずかな電流は流れるが，無視できる量である．そして，図中の破線で示すように，単純な直線で近似することが多い．

例題 2.2 図 2.6 に示す回路に流れる電流 I を計算しなさい．ただし，ダイオードの特性は，図 2.5（b）の近似（図中の破線）を用いてよい．

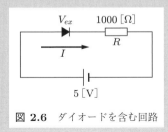

図 2.6 ダイオードを含む回路

解 答 電圧 V_{ex} は順方向に印加されているので，図 2.5（b）の破線に示すとおりダイオードの両端の電位差は $V_b = 0.7$ [V] となり，電流 I は抵抗 R によって決まる．抵抗 R（1000 [Ω]）の両端の電位差は $5 - 0.7 = 4.3$ [V] となるので，電流 I は

$$I = \frac{4.3\,[\text{V}]}{R\,[\Omega]} = \frac{4.3\,[\text{V}]}{1000\,[\Omega]} = 0.0043\,[\text{A}] = 4.3\,[\text{mA}] \tag{2.4}$$

と計算される．

この例からわかるように，順方向電圧を印加したダイオードは，$V_{ex} = V_b = 0.7$ [V] が満たされれば電流が流れ，その電流値はダイオード以外の回路上の素子（この例では抵抗 R）によって決定される．すなわち，この近似モデルでは，電流はダイオード自体では決定されず，ダイオード以外の素子で決定されるのが特徴であり，直線近似の垂直線はこの特徴を表している．

2.3 MOSトランジスタ

2.3.1 基本構造

　論理ゲートを実現するためのスイッチとなる半導体素子がトランジスタであり，トランジスタはp型半導体とn型半導体の組合せで構成される．トランジスタが実用化され始めた当初は，後述する**バイポーラトランジスタ**（bipolar transistor）とよばれる構造のトランジスタが主流であった．しかし，バイポーラトランジスタは，オン/オフが切り替わる速度（**スイッチング速度**，あるいは**動作速度**とよばれる）が高速である半面，電力消費量が大きいという問題点がある．さらに，構造が複雑であることから，小型化が難しい（集積度を上げることが難しい）．そのため現在では，ディジタル集積回路用トランジスタとしては，バイポーラトランジスタに比べて小型で低消費電力な**MOSトランジスタ**（metal oxide semi-conductor transistor）が主流となっている．

　なお，MOSトランジスタでは，後述するように電界によって電流を制御し，スイッチング動作が行われる．このようなトランジスタは，**電界効果型トランジスタ**（FET: field effect transistor）とよばれる．電界効果型トランジスタには，MOSトランジスタのほかにジャンクションFET（junction FET）も存在するが，集積化（微細化）や動作速度の点でMOSトランジスタのほうが集積回路に適している．このため，ジャンクションFETは集積回路にはほとんど利用されていない．

　図2.7に，MOSトランジスタの基本的な構造を示す．図(a)では，基板（サブストレート）となるp型半導体の表面に絶縁体を介して電極（導体）が形成されている．そして，その電極と絶縁体の両側にn型半導体領域が形成された構造である．このMOSトランジスタは，**nチャネルMOSトランジスタ**とよばれる（以降，本書では**nMOSトランジスタ**とよぶ）．一方，図(b)は**pチャネルMOSトランジスタ**とよばれ，nMOSトランジスタのn型とp型半導体を逆にした構造になっている（以降，

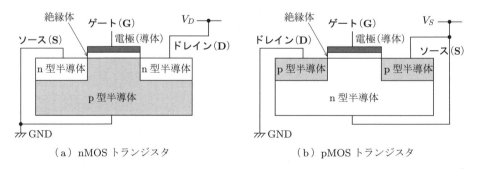

（a）nMOSトランジスタ　　　　　　　　（b）pMOSトランジスタ

図 2.7　MOSトランジスタ（nMOSトランジスタ）の構造と電源接続

本書では**pMOSトランジスタ**とよぶ）．

　nMOSトランジスタの電源の接続方法（電位の与え方）は，一方のn型半導体を高電位とし，反対側のn型半導体を低電位とする．通常，低電位側は接地（グランド：GND）してその電位を0[V]とし，高電位側は電源V_Dに接続する．また，p型半導体基板も接地する．中央の電極導体を**ゲート**（gate）とよび，電源側のn型半導体端子を**ドレイン**（drain），接地側のn型半導体端子を**ソース**（source）とよぶ．それぞれ，G，D，Sと一般に表記される．これとは逆に，pMOSトランジスタの場合は，高電位側（電源V_S側）のp型半導体端子をソースとよび，低電位側（接地側）のp型半導体端子をドレインとよぶ．n型半導体基板は電源に接続される．

　ソース，ドレインという名称は，トランジスタを流れる電流の担い手となるキャリヤ（伝導電子または正孔）を送り出す（ソース）側と受け入れる（ドレイン）側という意味である．後述するように，nMOSトランジスタとpMOSトランジスタではキャリヤが異なるので，ソースとドレインが逆になる．

2.3.2　基本動作

　まず，nMOSトランジスタがスイッチとして動作する仕組みについて説明しよう．ゲートGに何もつないでいない状態（図2.7（a）の状態）では，電源V_DからGNDに電流は流れない．これは，電源側のn型半導体と中央のp型半導体は逆方向接続になっているため，pn接合で説明した電位の壁V_bがあるからである．

　この状態で，ゲートにグランドを基準とした正の電圧（**ゲート電圧**）V_Gを与える（**図2.8**（a））．ゲートGは絶縁体を挟んでp型半導体と対向しているため，ゲートとp型半導体表面は絶縁体を挟んだコンデンサ（平行平板コンデンサ）の構造となっている．これに電圧V_Gを加えたことにより，ゲート表面には正の電荷が発生する．これは，正確には，ゲートを構成する導体の伝導電子がV_Gの電源側に移動することで，

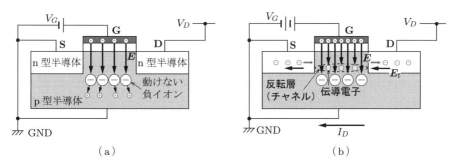

図 **2.8**　nMOSトランジスタのスイッチング動作

ゲート表面に正に帯電した原子（動けない正イオン）が現れるという現象である．そして，このゲートに発生した正の電荷に反発して，p型半導体表面では正孔がゲートから遠ざかるように内部のほうへ移動する．

このため，p型半導体の表面では，負に帯電した原子（動けない負イオン）が露出する（図では，動けない負イオンがp型半導体の中央付近に描かれているが，これは正負電荷の関係をわかりやすくするために，実際はp型半導体の表面に発生する）．これにより，ゲート表面の正電荷とp型半導体表面の負電荷の間で電界Eが発生し，安定な状態となる．この状態では，まだトランジスタ中に電流は流れない．

ここでさらにゲートに印加する電圧V_Gを増加する（図(b)）．これにより，ゲートに発生する正の電荷は増加し，電界Eは増加する．しかし，増加した電界Eに対応するだけの負電荷が，p型半導体表面に不足する．このため，p型半導体内の伝導電子（少数キャリヤ）が表面付近に移動し，この不足を補って電界Eに対応するようになる．すなわち，伝導電子がp型半導体の表面近傍に集まるようになる．ここで，伝導電子は自由に動ける負電荷であるため，電源V_Dによる横方向の電界E_tにより移動する（流れ出す）．これにより，ソースS側のn型半導体からつぎつぎに伝導電子が補充され，ドレインD側のn型半導体に引き込まれ，導線を伝わって電源V_Dに流れ込む．これは，電流がドレインDからソースSに流れたことを表す．

以上のように，nMOSトランジスタでは，ゲート電圧V_Gがある値を超えるとドレインDからソースSに向かって電流が流れる．これが1章で説明した順スイッチがオフからオンになった状態である．この電流を，**ドレイン電流**I_Dとよぶ．また，I_Dが流れ始めるゲート電圧を**しきい電圧**とよび，V_{th}（GNDを基準として$V_{th}>0$）と表記する*1．このようにnMOSトランジスタは，ゲート電圧V_Gによってスイッチング動作をすることができる．なお，少数キャリアである伝導電子がp型半導体表面に集まってできた層を，**反転層**とよぶ（**チャネル**ともよばれる）．

一方，pMOSトランジスタは，nMOSトランジスタとは反対の構造であり，動作も逆になる．pMOSトランジスタでは，**図2.9**(a)に示すように，トランジスタに電流を流すために（スイッチをオンにするために）電源V_Sを基準として負の電圧V_G（$V_G<0$）をゲートに印加する．これにより，ゲート表面には負の電荷が発生する．これは，正確には，ゲートを構成する導体の伝導電子が，電圧V_Gの負極に反発してゲート表面に現れるという現象である．そして，ゲートに発生した負の電荷に反発して，n型半導体表面では伝導電子がゲートから遠ざかるように移動する．このため，n型半導体の表面では，正に帯電した原子が露出する．これにより，n型半導体表面の

---

*1 ダイオード（pn接合）と同様に，電流のオン/オフを分ける境界電圧であり，本書ではダイオードと同じ表記であるV_{th}を用いる．

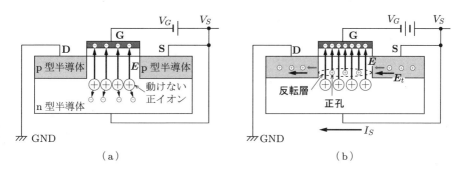

図 2.9 pMOS トランジスタのスイッチング動作

正電荷（動けない正イオン）とゲート表面の負電荷（伝導電子）の間で電界 E が発生し，安定な状態となる．この状態では，まだトランジスタ中に電流は流れない．

ここで，さらにゲートに印加する負電圧 V_G の大きさ（絶対値）を増加する（図(b)）．これにより，ゲートに発生する負の電荷は増加し，電界 E は増加する．しかし，増加した電界 E に対応するだけの正電荷が，n 型半導体表面に不足する．このため，n 型半導界内の正孔（少数キャリヤ）が表面付近に移動し，この不足を補って電界 E に対応するようになる．すなわち，正孔が n 型半導体の表面近傍に集まるようになる．正孔は自由に動ける正電荷であり，電源 V_S による横方向の電界 E_t により移動する（流れ出す）．これにより，ソース S 側の p 型半導体からつぎつぎに正孔が補充され，ドレイン D 側の p 型半導体に引き込まれ，導線を伝わってグランド GND に流れ込む．これは電流がソース S からドレイン D に流れたことを表し，pMOS トランジスタでは，ゲートの負電圧 V_G の大きさ（絶対値）が増して，ゲートの電位がある値以下になるとソース S からドレイン D に向かって電流（ソース電流 I_S）が流れる．この I_S が流れ始めるゲート電圧（しきい電圧）を，nMOS トランジスタと同様に V_{th}（V_S を基準として $V_{th} < 0$）と表記する．

このように，pMOS トランジスタは，nMOS トランジスタとは逆に，ゲート電圧 V_G を下げることによって正孔による反転層（チャネル）が形成され，電流が流れる．これが，1 章で説明した逆スイッチがオフからオンになった状態である．なお，pMOS トランジスタと nMOS トランジスタの両方が混在した回略（後述する CMOS 論理回路など）では，pMOS トランジスタに与える電源電圧や pMOS トランジスタを流れる電流も nMOS と同じ V_D, I_D と表記することが一般的である．

2.3.3　基板電位と基板バイアス効果

これまで，G，D，Sの3端子に与える電位（電圧）とそれに伴うスイッチング動作について説明した．そして通常は図2.7～図2.9に示すように，基板電位をソース電位 V_S と同じとしている．すなわち，**基板電位**を V_B と表記すると，nMOSトランジスタの場合は，$V_B = V_S = 0\,[\mathrm{V}]$（グランド電位）であり，pMOSトランジスタの場合は，$V_B = V_S\,[\mathrm{V}]$（電源電位）である．

ここで，nMOSトランジスタの場合，基板電位 V_B をソース電位 V_S よりも低くすることで，しきい値電圧 V_{th} $(V_{th} > 0)$ を大きくする方向に変化させることができる．また，pMOSトランジスタの場合は，V_B を V_S よりも高くすることで，しきい電圧 V_{th} $(V_{th} < 0)$ の絶対値を大きくすることができる．このように，基板にバイアス（ソース電位からのずれ）が与えられるとしきい電圧が変化する現象は，**基板バイアス効果**（body effect）とよばれる[*1]．

このようにMOSトランジスタは，基板電位によってその基本的な特性を変化させることができる．したがってMOSトランジスタは，基板電位を4番目の端子とした4端子素子とみなすこともできる．

> **例題 2.3**　基板バイアス効果が生じる理由について説明しなさい（検討しなさい）．
>
> **解答**　nMOSトランジスタの場合，$V_S > V_B$ となると，ソース（n型半導体）と基板（p型半導体）の間のpn接合は逆方向接続となる．このため空乏層は広がり，p型半導体中の負電荷（図2.8（a）の動けない負イオン）は増加する．したがって，この負電荷の増加分を打ち消すためには，より高いゲート電圧 V_G を印加する必要があり，しきい電圧 V_{th} は増加する．pMOSトランジスタも，同様の現象でしきい電圧が変化する．

2.3.4　回路記号

nMOSトランジスタとpMOSトランジスタの回路記号を**図2.10**に示す．MOSトランジスタの回路記号はいくつかあり，図はそのうちの三つの例を示している．いずれの記号でも，丸印の有無か矢印の向きでpかnかを表す．本書では①を用いることとする．MOSトランジスタは，基本的にゲートGを中心に対象な構造であり，前述したとおり，ソースSとドレインDは電圧のかけ方によるキャリヤ（伝導電子と正孔）の流れによって決まる．キャリヤが流れ出す端子がソースSであり，流れ込む端子がドレインDである．

なお，前項末で述べたように，MOSトランジスタは基板も電極と見れば4端子であ

[*1] バックゲート効果ともよばれる．

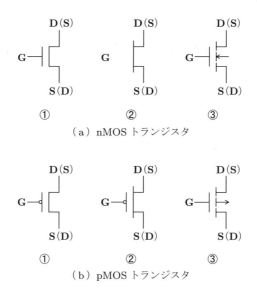

図 2.10　MOS トランジスタの回路記号

る．4 端子として取り扱う場合は，図の③に示す矢印を用いた回路記号を用いる．矢印を 4 番目の端子として，矢印の先や根元を電源やグランドなどに接続してその電位を示す．

2.3.5　個別部品としての MOS トランジスタとその集積回路化

図 2.7 に示す一つのトランジスタをパッケージ（主にプラスティック製のパッケージ）に入れることで，個別部品としてのトランジスタが製造される．**図 2.11** に個別部品としてのトランジスタ（nMOS トランジスタ）の模式図と写真を示す．

シリコン半導体基板（この場合は p 型半導体基板）の上に n 型半導体と絶縁体，金属

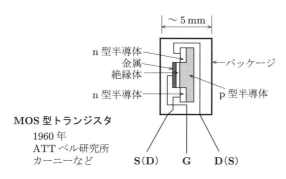

図 2.11　個別部品としてのトランジスタ（nMOS トランジスタ）の基本構造

部が製造されている（pMOS トランジスタの場合はこの逆となる）．このような 1 枚の半導体の薄い板の上につくられた素子の構造は，**プレーナ構造**とよばれる．プレーナ構造は，トランジスタの集積化（集積回路化）にも用いられる．

なお，個別部品の場合，流す電流量を増やすために，ドレイン電極をシリコン半導体基板の裏面から取り出すこともある（集積回路の場合は，このような構造は用いない）．

パッケージからは 3 本の導線が出ていて，それぞれが，トランジスタのゲート G，ドレイン D，ソース S に対応している．導線まで含めた大きさは，ちょうど 10 円玉の直径程度である．

集積回路として用いられるプレーナ構造の MOS トランジスタ（nMOS トランジスタ）の断面図を**図 2.12**に示す．図はトランジスタ一つを示しているが，後述する半導体製造技術により，同じ 1 枚のシリコン基板（厚さ 0.5 mm 以下）の上にこれらのトランジスタを同時に複数個製造し，かつ配線で接続することが可能となる（集積回路化が可能となる）．

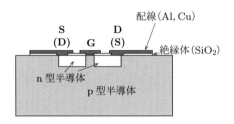

図 2.12 集積回路としてのトランジスタ（nMOS トランジスタ）の基本構造

2.4 MOS トランジスタのモデルと動作

MOS トランジスタは，現在，ディジタル集積回路だけではなく，アナログ集積回路においても主要なトランジスタとなっている．ここでは，MOS トランジスタの動作について，その解析モデルを示し，さらに詳しく説明する．

2.4.1 MOS トランジスタのモデル

MOS トランジスタの動作を定量的に解析しよう．**図 2.13**はそのための基本モデルであり，図 2.7 に示した MOS トランジスタの断面構造にもとづいている．なお，ここでは，nMOS トランジスタを対象としてその動作を解析する．ソース S を接地し，ソースを基準としたゲート電圧を V_G，電源電圧（ドレイン電圧）を V_D とする．また，

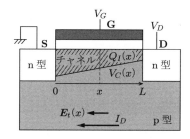

図 2.13 MOS トランジスタの解析断面モデル

半導体表面の水平方向を x 軸にとり，ソース S 領域とチャネル形成領域の境界を原点（$x = 0$）としている．ゲート電極の長さ（これを**ゲート長**とよぶ）を L とすると，ドレイン D とチャネル形成領域の境界は $x = L$ である．

ゲート電極とその真下の p 型半導体は，2.3.2 項で説明したように，絶縁体が挟まれた平行平板コンデンサ構造とみなすことができる．なお，図ではチャネルが形成されて電荷が蓄積している状態を示しており，斜線部がチャネルを示している．ここで，図で示すようにチャネルが一様な厚さで形成されていない理由は，ソースとドレインが等電位でないためである．以下，平行平板電極コンデンサのモデルで動作を解析する．

2.4.2 モデルの解析

平行平板電極コンデンサの静電容量を C，電極間電圧を V，電極に蓄えられる電荷量を Q とすると，これらの間には $Q = CV$ の関係がある．この関係から，まずチャネルに蓄えられる電荷量を計算する．p 型半導体表面 x 軸上の電位を $V_C(x)$ とすると，ソース S は接地され，ドレイン D は電源電圧 V_D に接続されているため，$V_C(0) = 0$，$V_C(L) = V_D$ である．これにより，位置 x における単位面積あたりの電荷量（電荷密度）$Q_I(x)$ は，ゲートの奥行方向の長さを単位長さとすると，単位面積あたりの静電容量 C_{OX}，ゲート電圧を V_G' として，$Q = CV$ の関係から

$$Q_I(x) = -C_{OX}(V_G' - V_C(x)) \tag{2.5}$$

と表せる[*1]．なお，右辺にマイナスがついているのは，p 型半導体表面に発生する電

[*1] x と $x + dx$ のわずかな領域に蓄えられた電荷 dQ は，ゲートの奥行方向の長さを単位長とすれば，

$$dQ = -C_{OX}(V_G' - V_C(x))dx$$

であり，したがって，

$$Q_I(x) = \frac{dQ(x)}{dx} = -C_{OX}(V_G' - V_C(x))$$

である．

荷は負の電荷（伝導電子）であるためである．ここで，$V'_G \neq V_G$ であることに注意されたい．これはすでに説明したように，チャネルを形成するには（伝導電子が p 型半導体表面にたまるには）ゲート電圧 V_G がしきい電圧 V_{th} 以上である必要があるためである．したがって，$V'_G = V_G - V_{th}$ の関係にある．これより，あらためて

$$Q_I(x) = -C_{OX}(V_G - V_{th} - V_C(x)) \tag{2.6}$$

と表すことができる．そして，このチャネルにたまったキャリヤ（ここでは伝導電子）が電源電圧 V_D によって発生する電界 $\boldsymbol{E}_t(x)$ によって移動し，電流が I_D 流れる．

ここで図 **2.14** に示すように，位置 x の断面を通過したキャリヤが，時間 dt の間に dx だけ移動したとする．ゲートの奥行き W（これを**ゲート幅**とよぶ）とすると，移動したキャリヤの量（電荷量）は，$(dx)WQ_I(x)$ である．電流は，単位時間にその位置 x の断面を通過した電荷量であるから，電流 I_D は

$$I_D = \frac{(dx)WQ_I(x)}{dt} = \frac{dx}{dt}WQ_I(x) = v(x)WQ_I(x) \tag{2.7}$$

と計算される．ここで，$dx/dt = v(x)\,[\mathrm{m/s}]$ はキャリヤ（伝導電子）が移動する速度である．これより，式 (2.6) を式 (2.7) に代入して

$$I_D = v(x)WQ_I(x) = -v(x)WC_{OX}(V_G - V_{th} - V_C(x)) \tag{2.8}$$

と表せる．また，移動速度 $v(x)$ と電界 $E_t(x)\,[\mathrm{V/m}]$ の間には

$$v(x) = \mu E_t(x) \tag{2.9}$$

の関係がある（電界は 3 次元ベクトルであるが，ここでは x 方向のみの 1 次元ベクトルとみなす）．ここで，定数 $\mu\,[\mathrm{m^2/(V \cdot s)}]$ は**移動度**（易動度とも記載する）とよばれ，nMOS トランジスタと pMOS トランジスタではその値が異なる（キャリヤが伝導電子かホールかによって異なる）．これより，式 (2.8) は，

$$\begin{aligned} I_D &= -v(x)WC_{OX}(V_G - V_{th} - V_C(x)) \\ &= -\mu E_t(x)WC_{OX}(V_G - V_{th} - V_C(x)) \end{aligned} \tag{2.10}$$

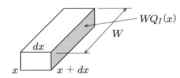

dx：時間 dt の間のキャリヤの移動距離

図 2.14 キャリヤの移動断面

となる．さらに，電界 $E_t(x)$ は電位の勾配であり，$E_t(x) = -dV_C(x)/dx$ と与えられる．したがって，

$$I_D = -\mu E_t(x) W C_{OX}(V_G - V_{th} - V_C(x))$$
$$= \mu W C_{OX}(V_G - V_{th} - V_C(x))\frac{dV_C(x)}{dx} \quad (2.11)$$

と導ける．この両辺を 0 から L まで x で積分すると

$$\int_0^L I_D dx = \int_0^L \mu W C_{OX}(V_G - V_{th} - V_C(x))\frac{dV_C(x)}{dx}dx \quad (2.12)$$

であり，左辺では I_D は一定であるため，

$$\int_0^L I_D dx = I_D \int_0^L dx = I_D L \quad (2.13)$$

である．一方，右辺は，

$$\int_0^{V_D} \mu W C_{OX}(V_G - V_{th} - V_C(x))dV_C(x)$$
$$= \frac{1}{2}W\mu C_{OX}\{2(V_G - V_{th})V_D - V_D^2\} \quad (2.14)$$

である．したがって，

$$I_D L = \frac{1}{2}W\mu C_{OX}\{2(V_G - V_{th})V_D - V_D^2\} \quad (2.15)$$

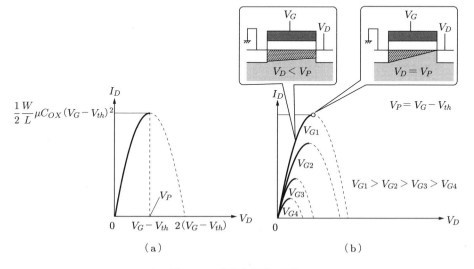

図 **2.15** 非飽和領域の特性

より，電流 I_D は

$$I_D = \frac{1}{2}\frac{W}{L}\mu C_{OX}\{2(V_G - V_{th})V_D - V_D^2\} \qquad (2.16)$$

と計算できる．この式は，**図2.15**（a）に示すように，ドレイン電圧 V_D に関して上に凸の2次関数であり，$V_D = V_G - V_{th}$ で I_D は最大値となり，$V_D = 0$ と $V_D = 2(V_G - V_{th})$ で $I_D = 0$ である．また，V_G が増加するほど I_D の最大値は大きくなる（図（b）：$V_{G1} > V_{G2} > V_{G3} > V_{G4}$）．なお，$V_D = V_G - V_{th}$ を**ピンチオフ電圧**とよび，これを $V_P \equiv V_G - V_{th}$ と記す．

2.4.3 動作領域

ここで，式(2.6)もどって，あらためてこの式を考えてみよう．$x = L$ では $V_C(L) = V_D$ であることから，

$$\begin{aligned} Q_I(L) &= -C_{OX}(V_G - V_{th} - V_C(L)) \\ &= -C_{OX}(V_G - V_{th} - V_D) \end{aligned} \qquad (2.17)$$

である．これは，$V_D > V_G - V_{th}$ では $Q_I(L) > 0$ となり，キャリヤが負電荷（伝導電子）であるという仮定に反してしまう．したがって，式(2.5)を出発点として導いた式(2.16)は $V_D \leq V_G - V_{th}$ の領域でのみ成り立つこととなる（図2.15の実線部）．

このことは，蓄えられたキャリヤの量（チャネルの形状）からも，つぎのように説明できる．$V_D = V_P(= V_G - V_{th})$ であるということは，$x = L$ においてコンデンサの両電極間の電位差がゼロということであり，すなわち式(2.17)より $Q_I(L) = 0$ となり，この点ではキャリヤは発生しない．これは，図（b）中のトランジスタの断面図 $V_D = V_P$ の斜線部で示すように，$x = L$ でキャリヤがゼロとなるチャネルの形状を表している．一方，$V_D < V_P$ では，断面図の $V_D < V_P$ の斜線部に示すとおり，$x = L$ でもキャリヤが存在する．なお，この $V_D < V_P$ の領域を**非飽和領域**とよぶ．そして，$V_D = V_P(= V_G - V_{th})$ のときの電流 I_D は，最大値

$$I_{D\max} = \frac{1}{2}\frac{W}{L}\mu C_{OX}V_P^2 \qquad (2.18)$$

となる．

一方，$V_D > V_P$ では，**図2.16**に示すとおり，V_D の増加とともにキャリヤのない範囲がドレイン側から増加し，このため，ソース側のキャリヤのある範囲が L から L_{eff} に減少する．この $V_D > V_P$ の領域を**飽和領域**とよぶ．飽和領域ではキャリヤは増加せず，ソース側で生成，蓄積された電荷を V_D による電界で引き抜く（伝導電子が半導体表面を移動する）だけである．このため，V_D を増加させても I_D は増加せず，

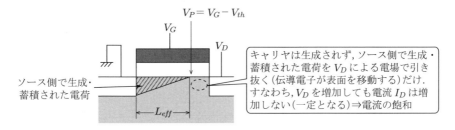

図 2.16 飽和領域でのキャリヤの状態

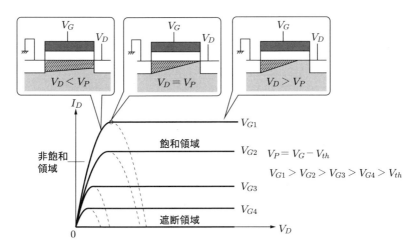

図 2.17 MOS トランジスタの電圧 – 電流特性

一定値 $I_{D\max}$ となる．なお，次節で説明する**チャネル変調効果**によって，I_D は V_D の増加とともに $I_{D\max}$ よりもさらに増加するが，基本モデルとして，$V_D > V_P$ では $I_D = I_{D\max}$ は一定と見なすことができる．

非飽和領域に飽和領域の動作を加えた特性を，**図 2.17** に示す．ここで，$V_G < V_{th}$ のときは $I_D = 0$ であり，この領域は**遮断（カットオフ）領域**とよばれる（図中にあわせて記載している）．V_G を固定して V_D を増加させると，I_D は V_D の 2 次曲線に従って増加し，$V_D = V_P (= V_G - V_{th})$ で飽和し，その後は V_D を増加しても I_D は増加しない．また，V_G を増加すると，非飽和・飽和特性の特性を保持したまま I_D が増加する．

MOS トランジスタの電圧（V_D）と電流（I_D）の関係はこのように非線形であり，いわゆるオームの法則（広い領域にわたって，電圧と電流が比例する関係）は成り立たない．

2.4.4 チャネル変調効果

前述したとおり，飽和領域 $V_D > V_P$ ではチャネル長 L は短くなり，実質的には L_{eff} となる（図 2.16）．したがって，飽和領域における I_D は正確には

$$I_D = \frac{1}{2}\frac{W}{L_{eff}}\mu C_{OX} V_P^2 \tag{2.19}$$

であり，V_D の増加とともに L_{eff} は小さくなるため，I_D は増加する（**図 2.18**）．このように，飽和領域でチャネル長 L が短くなることにより I_D が増加する現象は，**チャネル変調効果**とよばれる．ここで，このチャネル変調効果によるパラメータ λ ($\lambda V_D \ll 1$) を導入することで，式 (2.19) は

$$\begin{aligned}I_D &= \frac{1}{2}\frac{W}{L_{eff}}\mu C_{OX} V_P^2 = \frac{1}{2}\frac{W}{L(1-\lambda V_D)}\mu C_{OX} V_P^2 \\ &\simeq \frac{1}{2}\frac{W}{L}\mu C_{OX} V_P^2 (1+\lambda V_D)\end{aligned} \tag{2.20}$$

と表すことができる．

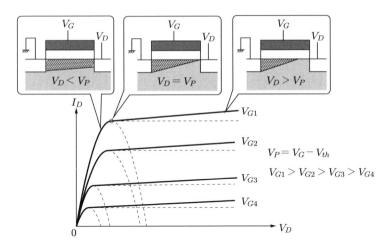

図 2.18 チャネル変調効果を含めた MOS トランジスタの電圧–電流特性

2.4.5 エンハンスメント型とデプレッション型 MOS トランジスタ

これまで解説してきた nMOS トランジスタのしきい電圧は，$V_{th} > 0\,[\mathrm{V}]$ であった．pMOS トランジスタの場合は V_S を基準としてしきい電圧を示すので，$V_{th} < 0\,[\mathrm{V}]$ となる．これらのトランジスタは，**エンハンスメント**（enhancement）**型**トランジスタとよばれる．

一方，このエンハンスメント型の MOS トランジスタのチャネル領域に不純物（nMOS

トランジスタの場合はドナー,pMOS トランジスタの場合はアクセプタ)を注入することにより,nMOS トランジスタのしきい電圧を $V_{th} < 0$ [V] に,また,pMOS トランジスタのしきい電圧を $V_{th} > 0$ [V] に変更することができる.これらのトランジスタは,**デプレッション**(depletion)**型**トランジスタとよばれる.デプレッション型のトランジスタでは,ゲート電圧 $V_G = 0$ [V] でも電流 I_D が流れる.なお,デプレッション型は $V_G = 0$ [V] でも電流が流れる(オンとなる)ので**ノーマリオン**(normally-on)**型**ともよばれる.これに対して,エンハンスメント型は**ノーマリオフ**(normally-off)**型**ともよばれる.

このように MOS トランジスタは,nMOS と pMOS トランジスタのそれぞれにエンハンスメント型とデプレッション型があり,合計で 4 種類が存在する.4 種類のトランジスタの V_G–I_D 特性の概略とトランジスタの回路記号を,**図 2.19** に示す.デプレッション型の回路記号は,その特徴であるチャネル領域に注入された不純物を表すように,線の一部を太く描く.

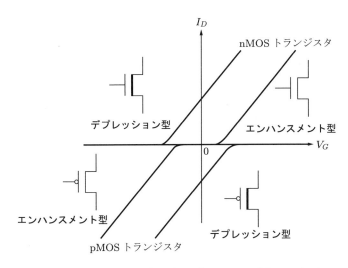

図 2.19 エンハンスメント型とデプレッション型トランジスタ

ディジタル集積回路では,現在はエンハンスメント型が主に用いられる.デプレッション型は 3.1.5 項の nMOS 論理回路で説明するように,トランジスタとしてではなく,抵抗器として用いられることが多い.

2.4.6 オン抵抗とスイッチング性能

ここでは，トランジスタがオンのときの抵抗値を定量的に導いてみよう．この抵抗値は，**オン抵抗**とよばれる．電圧値 V_D，V_G が同じ場合，オン抵抗が小さいほど，多くの電流が流せる．詳細は 4 章で解説するが，多くの電流が流せるほど回路の状態を瞬時に変化させることができるので，高速なスイッチングが可能となることは直感的に理解できよう．オン抵抗 r_{on} は V_D–I_D 特性（図 2.17 あるいは図 2.18）の各点での微係数の逆数であるが，その代表値として原点（$V_D = 0$）における値

$$r_{\mathrm{on}} \equiv \frac{1}{\left.\dfrac{\partial I_D}{\partial V_D}\right|_{V_D=0}} = \frac{1}{\dfrac{W}{L}\mu C_{OX}(V_G - V_{th})} \tag{2.21}$$

を用いて表す．この値は，トランジスタの重要な設計指標である．式 (2.21) において，電圧に関係なく係数 $(W/L)\mu C_{OX}$ が大きいほどオン抵抗は小さくなる．これは，式 (2.16)，式 (2.20) からも明らかなように，係数 $(W/L)\mu C_{OX}$ が大きいほど多くの電流が流れることからも理解できる．この係数を**利得係数**とよび，

$$\beta \equiv \frac{W}{L}\mu C_{OX}\ [1/\Omega V] \tag{2.22}$$

と表記する．なお，2.4.2 項で述べたとおり，移動度 μ は nMOS トランジスタと pMOS トランジスタでその値が異なることに注意が必要である．

ここで，β を大きくするためにゲート幅 W を大きくすることはトランジスタサイズの増大を意味するので，集積度の観点からは望ましくない．一方，ゲート長 L を小さく（微細化）するほど β は増加し，高速化と微細化の両方が実現できる．このことから，ゲート長 L の微細化は非常に重要な開発課題である．

C_{OX} は絶縁体が挟まれたゲート電極と半導体表面間による平行平板コンデンサの単位面積あたりの静電容量である．これより，平行平板の面積 $W \times L$ が同じならば，ゲートと半導体表面の間の間隔が短く（狭く），また，両平板に挟まれた酸化膜（絶縁体）の誘電率が高いほど静電容量は大きくなり，したがって β が大きくなる．また，移動度 μ は半導体材料の物性に依存する値であり，その値が大きいほど β が大きくなる．

例題 2.4 利得係数 $\beta = 50.0 \times 10^{-6}\ [1/\Omega V]$，しきい電圧 $V_{th} = 1.0\ [V]$，ゲート電圧 $V_G = 5.0\ [V]$ の nMOS トランジスタのオン抵抗 r_{on} を計算しなさい．

解答 式 (2.21) より，つぎのように求められる．

$$r_{\mathrm{on}} = \frac{1}{\beta(V_G - V_{th})} = \frac{1}{50.0 \times 10^{-6}\ [1/\Omega V]\ (5.0\ [V] - 1.0\ [V])} = 5.0\ [\mathrm{k}\Omega]$$

2.5 バイポーラトランジスタ

バイポーラトランジスタ（bipolar transistor）[*1]の歴史は古く，MOSトランジスタよりも早くから多くの製品に利用されてきた．MOSトランジスタが電界によってスイッチング動作を制御するのに対し，バイポーラトランジスタは電流によってスイッチング動作を制御する．また，MOSトランジスタは伝導電子と正孔のどちらかによって電流が流れるが，バイポーラトランジスタでは両方のキャリヤによって電流が流れる．このため，両方の極性を用いるという意味で，bipolarとよばれる．同じサイズであれば，バイポーラトランジスタのほうがMOSトランジスタよりも多くの電流を流すことができるので，回路の状態をより速く変化させることができる．このため，一般にバイポーラトランジスタを用いたほうが，MOSトランジスタを用いるよりもディジタル機器の動作を高速化できる．

一方，バイポーラトランジスタはMOSトランジスタよりも消費電力が大きく，構造も複雑である．このため，低消費電力で小型化が望まれる現在のディジタル機器には，バイポーラトランジスタよりもMOSトランジスタのほうが広く利用されるようになってきた．

2.5.1 基本構造

バイポーラトランジスタの基本構造を図 **2.20** に示す．p型半導体をn型半導体で挟んだ構造を示しているが，これとは反対に，n型半導体をp型半導体で挟んだ構造のものも存在する．図 2.20 を **npn バイポーラトランジスタ** とよぶ．一方，n型半導体をp型半導体で挟んだ構造のバイポーラトランジスタを，**pnp バイポーラトランジスタ** とよぶ．

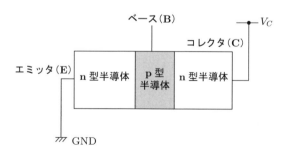

図 **2.20** npn バイポーラトランジスタの構造と電源接続

[*1] BJT（bipolar junction transistor）ともよばれる．

バイポーラトランジスタの 3 端子は，MOS トランジスタの 3 端子の名称とは異なり，それぞれ**ベース** (B: base), **エミッタ** (E: emitter), **コレクタ** (C: collector) とよばれる．また，電源電圧の記号には V_C を用いる．

バイポーラトランジスタの構造で MOS トランジスタともっとも大きく異なる点の一つは，ベース端子（MOS トランジスタのゲート端子に対応）が直接半導体に接触している点である．これより，ベース端子に加える電圧によって電流が発生する．一方，MOS トランジスタのゲート端子はゲート電極と接続されているが，ゲート電極と半導体の間には絶縁体が挟まれている．このため，すでに説明したように，ゲート端子と半導体の間に電流は発生しない．

2.5.2 基本動作

MOS トランジスタは，ドレインとソース間の電流のオン/オフをゲート電極と半導体表面の間の電界で制御する．一方，バイポーラトランジスタは，ベースに入力する電流によってエミッタとコレクタの間の電流のオン/オフを制御する．スイッチングの制御を電界で行うか電流で行うかが，両者の動作原理上の大きな差異である．

npn バイポーラトランジスタのスイッチング動作の原理を解説しよう．なお，前述のとおり，pnp バイポーラトランジスタは，npn バイポーラトランジスタの n 型半導体を p 型半導体に，p 型半導体を n 型半導体に変えた構造である．これより，伝導電子と正孔の流れる向きが逆転するなどの違いがあるが，スイッチングの動作原理は npn バイポーラトランジスタと基本的に同じである．

図 2.20 に示すように，ベース B に何もつないでいない状態では，電源 V_C からに GND に電流は流れない．これは，電源側の n 型半導体と中央の p 型半導体は逆方向接続になっているためである．この状態でベース，エミッタ間に電圧 V_B を印加する（**図 2.21**（a））．V_B はベース（p 型半導体）とエミッタ（n 型半導体）の pn 接合に対して，順方向接続となる．このため，すでに説明したように，内蔵電位 V_b を打ち消すように V_B がはたらき，それぞれの領域の多数キャリヤである伝導電子と正孔の相手側領域への拡散が進む．図 2.21 では，図を見やすくするためにエミッタ側の多数キャリヤである伝導電子のみを記載しているが，ダイオードの動作原理（図 2.4）と同様に，ベース側の多数キャリヤである正孔もエミッタ側への拡散が進む．すなわち，伝導電子と正孔の両方によってベースからエミッタに向けて電流（**ベース電流** I_B）が流れ始める．

ここで，V_B の値が低い場合はキャリヤの拡散量は少なく，コレクタ領域に変化は生じない（図（a））．しかし，V_B が増加し，ベース，エミッタ間の pn 接合のしきい電圧 V_b $(V_{th}) = 0.7$ [V] に近づくとキャリヤの拡散量は急激に増加し，拡散したキャリ

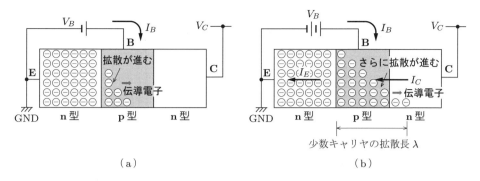

図 2.21

ヤ（伝導電子）はベース領域を超えてコレクタ領域に流れ込む．すると，コレクタ領域に印加されている電源電圧 V_C による電界に引きつけられて，コレクタ側端子に流れ込む（図(b)）．これにより，電源 V_C から GND に向かってコレクタ電流 I_C が流れる．ここで，**エミッタ電流 I_E はコレクタ電流 I_C にベース電流 I_B** が加わるので，$I_E = I_C + I_B$ となる．これがバイポーラトランジスタのスイッチング動作の原理である．すなわち，ベース電圧 V_B によって流れるベース電流 I_B によって，コレクタ電流 I_C がオン/オフされる（$V_B = V_{th} = 0.7\,[\mathrm{V}]$ でトランジスタがオンとなる）．

バイポーラトランジスタで重要なことは，ベースの長さが，$V_B \simeq V_b(V_{th})$ のときのキャリヤの拡散する距離（これを**拡散長 λ とよぶ**）よりも薄い（短い）ことである．拡散長はおおよそ 1 µm 程度である．ベース領域が拡散長 λ よりも厚いと，拡散したキャリヤはコレクタ領域に入り込めず，V_B を増加しても I_C は流れない．このため，トランジスタはオンにはならない．

2.5.3 回路記号

npn 型バイポーラトランジスタと pnp 型バイポーラトランジスタの回路記号を**図 2.22** に示す（このほかの回路記号もあるが，本書ではこの記号を用いる）．違いは矢印の向きである．矢印は電流の流れる方向を示しており，npn 型と pnp 型で逆転している．

MOS トランジスタはゲート G を中心として，ソース S とドレイン D は対象な構造をしており，印加する電圧によって，S と D が決まる．このため，記号も G に対して対称であったのに対し（図 2.10），バイポーラトランジスタは，エミッタ E とコレクタ C で構造や不純物濃度が異なるため，記号も B に対して非対称である（図 2.20 では単純化して対称な構造を記載しているが，正確には対称ではない）．

（a）npn 型バイポーラトランジスタ　　（b）pnp 型バイポーラトランジスタ

図 **2.22**　バイポーラトランジスタの回路記号

2.5.4　個別部品としてのバイポーラトランジスタとその集積回路化

個別部品としてのバイポーラトランジスタも，MOS トランジスタと同様に，一つずつパッケージ（主にプラスティック製のパッケージ）に封止されて出荷される．このため，ほとんどのものが MOS トランジスタと同様な概観である．

またその構造も，MOS トランジスタと同様にプレーナ構造が主に用いられている．バイポーラトランジスタのプレーナ構造については，6 章で解説する．

══════════ 演 習 問 題 ══════════

2.1　トランジスタなどの半導体素子を製造する際，そのもととなる真性半導体に求められる純度（もともと含まれている不純物の割合）は，単位体積あたりの原子数に対する真性キャリヤ密度の割合が一つの目安とされている[*1]．シリコンの単位体積あたりの原子数は約 $5 \times 10^{22}\,[\mathrm{cm}^{-3}]$，真性キャリヤ密度は $N_i = 1.5 \times 10^{10}\,[\mathrm{cm}^{-3}]$ であることから，真性半導体としてシリコンを用いる場合に，どの程度の純度が求められるか概算しなさい．

2.2　半導体中で伝導電子と正孔が出合った（再結合した）場合，半導体の質量はどのように変化するか述べなさい．

2.3　真性半導体であるシリコン（Si）を n 型と p 型の外因性半導体にするために注入する不純物元素として，それぞれ，リン（P）とホウ素（B）がある．そのほか，n 型と p 型の外因性半導体にするために不純物として利用される元素を調べなさい．

2.4　ゲルマニウム（Ge）はシリコン（Si）と同様に，基本的に半導体材料として電子デバイスに利用することができる．しかし，実際はあまり使われていない（ほとんどの半導体材料はシリコンである）．この理由を調べなさい．

2.5　図 2.23 に示す回路に流れる電流 I を求めなさい．なお，ダイオードには図 2.5（b）の近似モデルを用いること．

[*1] n 型半導体や p 型半導体を製造する際に，真性半導体に注入する不純物濃度よりも，真性半導体中にもともと存在する不純物の濃度のほうが低い必要がある．真性半導体に注入する不純物濃度は真性キャリヤ密度よりも高いので，真性キャリヤ密度程度の純度が目安になる．

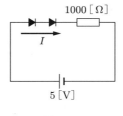

図 2.23

2.6 図 2.24（a）に示すように，交流電源 V_{AC} とダイオード D，抵抗 R を接続した回路の電圧 V_{out} はどのような波形になるか示しなさい．また，図（b）のように，コンデンサ C も含んだ回路の電圧 V_{out} はどのような波形になるか示しなさい．

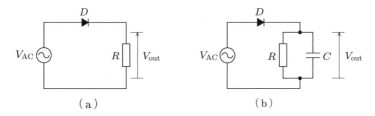

図 2.24

2.7 ある nMOS トランジスタのしきい電圧 V_{th} を測定したところ，1.2 [V] であった．また，$V_G = 3.0$ [V] のときのオン抵抗 r_{on} を測定したところ，60 [kΩ] であった．この nMOS トランジスタの電圧–電流特性 (V_D, V_G)–I_D を求めなさい．なお，チャネル変調効果は無視してよい．

2.8 ゲート幅 W とゲート長 L の比が $W/L = 5$ で，ゲート酸化膜の厚さが $d = 600 \times 10^{-8}$ [cm] である nMOS トランジスタがある．このトランジスタの利得係数 β を計算しなさい．なお，移動度は $\mu = 500$ [cm^2/(V·s)] とし，絶縁体（ゲート酸化膜）の誘電率と真空中の誘電率は，それぞれ，$\varepsilon_r = 3.9$，$\varepsilon_0 = 8.85 \times 10^{-14}$ [F/cm] とする．

2.9 図 2.25 に示すように，エンハンスメント型の nMOS トランジスタのゲートとドレインを接続したときの動作特性（V_D–I_D 特性）を示しなさい．

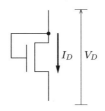

図 2.25

3章
トランジスタによる論理回路

前章では，代表的なトランジスタの構造と動作について学んだ．本章では，トランジスタを用いた論理回路の構成方法を説明する．同じトランジスタを用いても，高速化や低消費電力化の点で異なった論理回路の構成方式が存在する．

3.1 MOS トランジスタによる論理回路

3.1.1 CMOS 論理回路

1 章で説明した順スイッチ（順可変抵抗）と逆スイッチ（逆可変抵抗）は，2 章で説明した nMOS トランジスタと pMOS トランジスタに対応している．したがって，nMOS トランジスタと pMOS トランジスタの 2 種類を使用することで，論理回路が形成できる．この論理回路を **CMOS 論理回路** とよぶ．CMOS 論理回路の "C" は complementary（相補的）の頭文字であり，nMOS トランジスタと pMOS トランジスタがそれぞれたがいに相補的に動作することで論理動作を行うことを示している．

CMOS 論理回路による NOT ゲート（図 1.5，図 1.11）の回路図は，2 章で説明したトランジスタの回路記号を用いると **図 3.1**(a)のようになり，個別部品としてのトランジスタを用いた場合，図(b)のように模式図で描くことができる．ここで，電源電圧は V_{DD} と表記している．2 章では，トランジスタ単体に与える電源電圧であるため V_D と表記しているが，回路全体に与える電源電圧という意味で慣例の V_{DD} を用いている．なお，この電源電圧を，pMOS トランジスタの S（ソース）に加わっていることから V_{SS} と記す慣例もある．

一方，集積回路化したトランジスタを用いた場合は，図(c)のような構造になる（集積回路化した NOT ゲートの断面図と上面図を示している）．1 枚の薄いシリコン基板（n 型半導体基板）の上に pMOS トランジスタと nMOS トランジスタを隣接して集積しており，両者の間を金属薄膜の配線で接続している．なお，nMOS トランジスタを実現するには，基板が p 型半導体でなければならない．そこで nMOS トランジスタの領域だけ，基板を n 型半導体から p 型半導体に変えている．このように一部の極性を反転した領域を **ウェル**（well）とよぶ．図では p ウェルが形成されている．なお，集積

3.1 MOSトランジスタによる論理回路　45

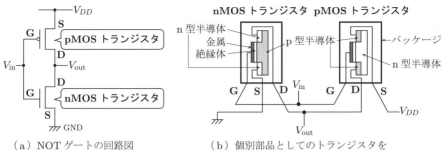

(a) NOTゲートの回路図
(b) 個別部品としてのトランジスタを用いたNOTゲート

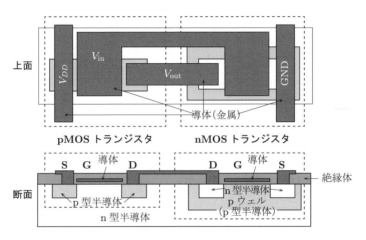

(c) 集積回路化したトランジスタを用いたNOTゲート

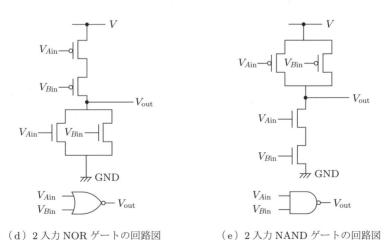

(d) 2入力NORゲートの回路図　　(e) 2入力NANDゲートの回路図

図 3.1　CMOSによる基本的な論理ゲート

回路化したトランジスタの構造や製造方法の詳細については，6 章で詳細に説明する．

同様に，トランジスタを図 1.8 や図 1.9 のとおりに接続することで，2 入力 NOR ゲートや 2 入力 NAND ゲートが構成できる（図 3.1（d），（e））．さらに図 1.15 に示すように，トランジスタを用いて論理式を直接実現することもできる（詳細は後述する）．

3.1.2　CMOS 論理回路による論理回路設計

どのような論理回路も，基本論理ゲートである 2 入力 NAND ゲート，または 2 入力 NOR ゲートだけで表現できる（2 入力 NAND と 2 入力 NOR は，それぞれ万能論理関数集合である）．したがって，図 3.1（d），（e）の回路を単位として，すべての論理回路をハードウェア化することが可能である．これは，基本論理ゲートを単位とした論理回路のハードウェア化の基本的な考え方である．

一方，1.3 節で述べたように，基本論理ゲートを単位とせずに，トランジスタを用いて，直接さまざまな論理回路をハードウェア化することもできる．トランジスタを用いて直接ハードウェア化した論理回路を，**複合ゲート**とよぶ．

nMOS トランジスタと pMOS トランジスタで構成された CMOS 論理回路は，これまでの例からわかるように，基本論理ゲートも複合ゲートも，一般に図 **3.2** に示す構造となる．すなわち CMOS 論理回路は，電源側に接続された pMOS トランジスタ群とグランド側に接続された nMOS トランジスタ群から構成される．そして，n ビットの入力信号が並列に pMOS トランジスタ群と nMOS トンランジスタ群にそれぞれ入力され，両トランジスタ群の接続点から 1 ビットが出力される構成である．なお，pMOS トランジスタ群をグランド側，nMOS トランジスタ群を電源側に接続することは，MOS トランジスタの特性上，困難である．その理由は 3.1.4 項で説明する．

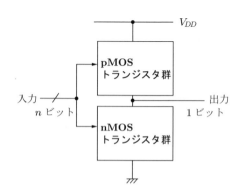

図 **3.2**　CMOS 論理回路の基本構造

論理回路を設計する論理式として，たとえば $Z = \overline{(A+B) \cdot (C+D)}$ のように式全体についてその否定（NOT）で表現される場合，以下の設計手法により規則的に設計することで，トランジスタを単位とした回路設計が可能である．

また，CMOS 論理回路の回路図を下記の規則によって読み解けば，相当する論理式を得ることができる．このように，論理式を MOS トランジスタで直接ハードウェア化することが可能である．

【設計手法】

否定（NOT）を取り除いた論理式（上式では，$(A+B) \cdot (C+D)$）について，式の入れ子の深い項から着目して，

（1）nMOS トランジスタ群：論理和の項はトランジスタを並列接続し，論理積の項はトランジスタを直列接続する．
（2）pMOS トランジスタ群：nMOS 回路部とは逆に，論理和の項はトランジスタを直列接続し，論理積の項はトランジスタを並列接続する．

例題 3.1 論理式 $Z = \overline{(A+B) \cdot (C+D)}$ を上記の【設計手法】に従って設計し，回路図を示しなさい．

解 答 図 3.3 に回路図を示す．

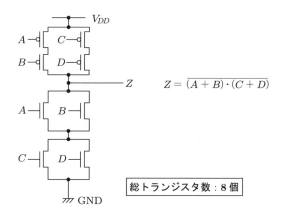

図 3.3 トランジスタを用いた論理式の直接ハードウェア化

3.1.3 CMOS 論理回路のスイッチング動作

順スイッチ（順可変抵抗）と逆スイッチ（逆可変抵抗）による NOT ゲートの論理動作は図 1.13 によって示されるが，CMOS 論理回路の動作は，これとは動作曲線の線形性が異なる．図 1.13（c）の NOT ゲートでは，電圧と電流に比例関係が成り立つ抵抗をモデルとして説明したが，MOS トランジスタの電圧（V_D）と電流（I_D）の関係は比例関係ではなく，**図 3.4** に示すような非線形特性となる．しかし，スイッチングの動作点の理解は，図 1.13 と同じである．

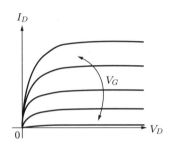

図 3.4 MOS トランジスタの動作曲線

図 3.1（a）に示す NOT ゲートは，入力 V_{in}（$=V_G$）が High のとき nMOS トランジスタがオンになり，pMOS トランジスタはオフになる（**図 3.5**（a））．これより，nMOS トランジスタと pMOS トランジスタの特性曲線の交点（動作点）の電圧はほぼ 0 [V] であり，出力 V_{out} は Low となる．一方，V_{in} が Low のとき，pMOS トランジスタがオンになり，nMOS トランジスタはオフになる（図（b））．したがって，nMOS トランジスタと pMOS トランジスタの特性曲線の交点（動作点）の電圧はほぼ V_{DD} であり，出力 V_{out} は High となる．

図に示すように，出力 V_{out} が Low のときも High のときも，電流 I_D はともに小さ

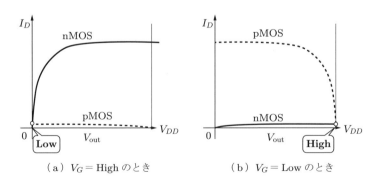

（a）$V_G =$ High のとき　　（b）$V_G =$ Low のとき

図 3.5 CMOS の動作曲線と動作点

く，CMOS 論理回路が低消費電力であることがわかる．ただし，両トランジスタの一方がオンからオフ，またはオフからオンに遷移する途中では，両トランジスタはともに低抵抗となる．このため，その瞬間に比較的大きな電流 I_D が，電源（V_{DD}）から pMOS トランジスタと nMOS トランジスタを貫通してグランド（GND）に流れる．この電流 I_D は**貫通電流**とよばれる．貫通電流は，両トランジスタの状態が切り替わる瞬間に発生するため，それほど大きな電力消費にはならない．

以上では，NOT ゲートを対象として CMOS 論理回路のスイッチング動作を説明した．これは，図 3.2 に示す一般的な CMOS 論理回路にも当てはまり，図 3.2 の pMOS トランジスタ群が全体でオフとなったときは nMOS トランジスタ群が全体でオンとなり，逆に，pMOS トランジスタが全体でオンとなったときは nMOS トランジスタ群が全体でオフとなる．したがって，一般的な CMOS 論理回路においても，そのスイッチング特性は図 3.5 のようになる．

3.1.4 CMOS 論理回路の転送特性
——pMOS／nMOS トランジスタの転送特性——

これまで説明してきた CMOS 論理回路の基本ゲート（NOT ゲート，NOR ゲート，NAND ゲート）や複合ゲート（たとえば図 3.3）では，すべて pMOS トランジスタが電源（V_{DD}）側に，そして nMOS トランジスタはグランド（GND）側に配置されている．この関係を逆転し，nMOS トランジスタを電源側に接続し，pMOS トランジスタをグランド側に接続することはできない．この理由について説明しよう．

ここまでは論理ゲート自体の説明をしてきたが，接続された論理ゲートどうしの間でどのように論理値 "1" と "0"（High と Low）が伝わるか（転送されるか）について説明してこなかった．pMOS トランジスタが電源側に接続され，nMOS トランジスタがグランド側に接続されることを含め，論理回路をトランジスタレベルで理解するためには，論理ゲート間の論理値の転送について理解することが重要である．以下では，論理ゲートの論理値の転送について説明する．

論理ゲート間の具体的な接続例として，**図 3.6** に示す二つの NOT ゲートの接続を考えてみよう．まず，図 (a–1) に示すように，出力 NOT ゲートの出力が Low（入力 NOT ゲートの出力は High）で安定している状態から，出力 NOT ゲートの出力が Low から High に切り替わる状態を考える．

図 (b–1) は，この状態変化を回路図で示している．定常状態では，出力 NOT ゲートの pMOS トランジスタがオフで nMOS トランジスタがオンであり，入力 NOT ゲートではこの逆となる．図では，トランジスタに発生している正負の電荷も模式的に記している（図 2.8 と図 2.9 を参照されたい）．

50　3章　トランジスタによる論理回路

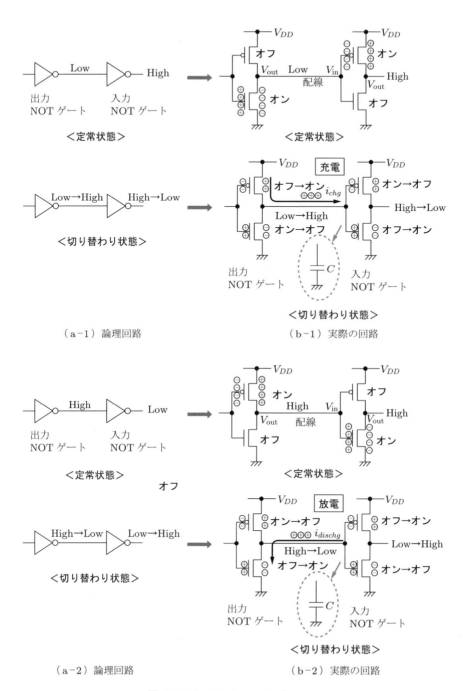

図 3.6　論理ゲート間の論理値の転送

3.1 MOSトランジスタによる論理回路 51

切り替わり状態で，出力 NOT ゲートの pMOS トランジスタがオフ → オンになると，電源 V_{DD} から pMOS トランジスタを介して電流 i_{chg} が入力 NOT ゲートに流れ込む．ここで重要なことは，MOS トランジスタのゲート電極とその下の半導体の間には絶縁体があるため，i_{chg} は入力 NOT ゲートのゲート電極より先へは流れないことである．ゲート電極に達した i_{chg}（正の電荷）は，pMOS トランジスタのゲート電極の負電荷がゼロになるまで（トランジスタがオフになるまで）流れる．また，i_{chg} は，電荷がゼロだった nMOS トランジスタのゲート電極に正電荷を蓄積し，トランジスタをオンにするまで流れる．すなわち，入力 NOT ゲートは，出力 NOT ゲートから見ると，コンデンサ C とみなすことができる．電流 i_{chg} は C を充電し，充電が終了したところでは i_{chg} は流れなくなり，安定状態となる（論理値が完全に，出力ゲートから入力ゲートに転送されたことになる）．

図(a–2)は，図(a–1)とは逆に，出力 NOT ゲートの出力が High（入力 NOT ゲートの出力は Low）で安定している状態から，出力 NOT ゲートの出力が High から Low に切り替わる状態を示している．そして図(b–2)は，この状態変化を回路図で示している．

切り替わり状態で，出力 NOT ゲートの nMOS トランジスタがオフ → オンになると，出力ゲートの出力とグランドの間が導通する．これにより，出力ゲートの出力から nMOS トランジスタを介して電流 i_{dischg} がグランドに向かって流れる．電流 i_{dischg} は，入力 NOT ゲートの nMOS トランジスタのゲート電極に蓄積されていた正電荷を放電する（トランジスタをオフにする）．また i_{dischg} は，pMOS トランジスタのゲート電極をゼロから負に帯電する（トランジスタをオンにする）．これは，上述したコンデンサ C にたまった電荷の放電であり，放電が終了したところでは i_{dischg} は流れなくなり，安定状態となる（論理値が完全に，出力ゲートから入力ゲートに転送されたことになる）．

このように，出力論理ゲートが電流を流して入力論理ゲートのコンデンサ C を充電することで，High が伝わる．一方，出力論理ゲートが電流を吸い込んで入力論理ゲートのコンデンサ C を放電することで，Low が伝わる．すなわち，出力ゲートの pMOS トランジスタがオンとなることによって High を転送し，nMOS トランジスタがオンになることによって Low を転送している．

ここで，nMOS トランジスタのソースに空のコンデンサを接続し，**図 3.7** に示すようにドレインの電圧 V_D を Low から High にすることを考えよう．コンデンサが空であるので，最初は V_S は Low であり，$V_G - V_S > V_{th}$ とする．そして V_D が High になったことでトランジスタはオンになり，電流が流れて空のコンデンサを充電し始める．コンデンサの容量を C，電荷を Q とすると，コンデンサに生じる電位差 V は

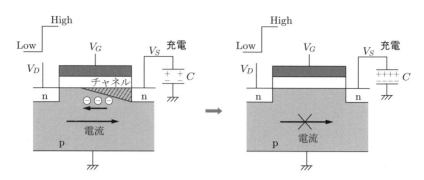

図 3.7 nMOS トランジスタの High 転送

$V = Q/C$ であり，電荷がたまるにつれて，ソース電位（伝導電子を流し出す側の電位）V_S は上昇する．すなわち，論理値 High が，ドレイン側からソース側に転送される．

ここで，最初に $V_S \sim 0$ であった状態では V_G と V_S の間に電位差があるので，ゲートの直下にチャネルが生成されていて，これによって伝導電子が移動して電流が流れていた．しかし，V_S の電位が上昇（Low から High に向かって V_S が上昇）すると，このチャネルが消滅してしまう．正確には，V_S が上昇して V_G に近づき，$V_G - V_S < V_{th}$ になったところで，チャネルが消滅する．このため電流が流れなくなり，V_S を完全に High にすることができなくなる．すなわち，完全な High 転送ができなくなる．

一方，**図 3.8** のように nMOS トランジスタのドレインに充電されたコンデンサを接続し，ソースの電圧 V_S を High から Low にすることを考えよう．コンデンサは充電されているので，最初は V_D は High である．この場合，ソースの電圧が Low になることで $V_G - V_S > V_{th}$ となってチャネルが生成され，電流が流れる（コンデンサが放電される）．さらに放電が進むにつれてドレイン側の電位も下がるので，チャネル領域は増加し，電流は流れ続けてコンデンサの電荷をほぼゼロにすることができ，

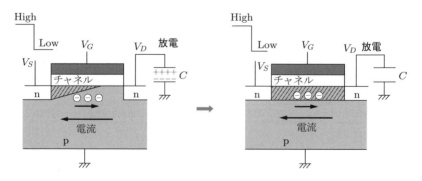

図 3.8 nMOS トランジスタの Low 転送

$V = Q/C$ より，$V_D \sim 0$ となる．これより，完全な Low 転送ができる．

これより，nMOS トランジスタは Low 転送はできるが，完全な High 転送ができないことがわかる．一方，これとは逆で，pMOS トランジスタは High 転送はできるが，完全な Low 転送ができない．このため，CMOS 論理回路では，High を転送する電源側のトランジスタ（電流を流し出して次段のゲートの入力容量を充電するトランジスタ）には pMOS トランジスタを用いる必要がある．一方，Low を転送するグランド側のトランジスタ（電流を次段のゲートから引き抜いて入力容量を放電するトランジスタ）には nMOS トランジスタを用いる必要がある．

以上の説明は一つのトランジスタを対象としたが，これは図 3.2 に示す pMOS トランジスタ群を一つの pMOS トランジスタ，nMOS トランジスタ群を一つの nMOS トランジスタとみなしても同じことになる．このため，High 転送する側（電源側）は pMOS トランジスタ群とし，Low 転送する側（グランド側）は nMOS トランジスタ群となっている（逆の構成にはできない）．

なお，論理設計を行う際に重要な制約として，最大**ファンアウト数**が挙げられる．ファンアウト数とは，出力ゲートに接続する次段の入力ゲートの数である．図 3.6 の例では，一つの NOT ゲート（出力ゲート）に一つの NOT ゲート（入力ゲート）が接続されているので，ファンアウト数は 1 である．MOS トランジスタを用いた論理回路においてファンアウト数が増えるということは，出力ゲートに接続されるコンデンサ C の容量が増える（ファンアウト数が n なら，容量は nC となる）ことである．したがって，ファンアウト数が増えるとコンデンサの充放電に時間がかかり，スイッチング速度が低下する．しかし，スイッチング速度の低下さえ許容できれば，ファンアウト数を制限なく増やすことができる．一方，後述するバイポーラトランジスタを用いた論理回路では，トランジスタの電気的な制約から最大ファンアウト数が制限されてしまう．

3.1.5　nMOS 論理回路

CMOS 論理回路のように nMOS トランジスタと pMOS トランジスタの両方を用いるのではなく，どちらか一方のトランジスタを用いるだけでも論理回路を構成することができる．これは，1 章で述べた固定抵抗を用いたスイッチング動作（図 1.14）を原理とする論理回路方式である．図 1.14 に示す NOT ゲートを，nMOS トランジスタを用いて実現する場合の模式図を**図 3.9** に示す（CMOS 論理回路の pMOS トランジスタを，固定値の負荷抵抗 R に置き換える）．複数個の nMOS トランジスタを組み合わせることで，NOT ゲートだけでなく，2 入力 NAND や 2 入力 OR など，ほかの論理ゲートも構成することができる．

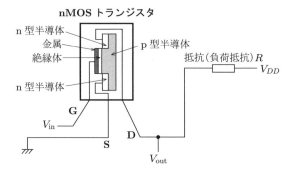

図 3.9 nMOS 論理回路における NOT ゲート

このように，nMOS トランジスタのみを用いて構成された論理回路を **nMOS 論理回路**とよぶ．なお，pMOS トランジスタを用いて論理回路を構成することも可能である．しかし，pMOS トランジスタの電流の担い手となるキャリヤ（正孔）の移動度は，nMOS のキャリヤ（伝導電子）の移動度よりも低い．このため，nMOS 論理回路のほうが，pMOS 論理回路よりも実用的である．

nMOS 論理回路は nMOS トランジスタ 1 種類のみで構成できるため，製造プロセスが CMOS 論理回路より簡単になる．しかし，以下の理由により，CMOS 論理回路よりも消費電力が大きく，動作速度はやや遅くなる．

nMOS 論理回路の動作曲線を**図 3.10** に示す．図 3.5 の pMOS トランジスタが固定抵抗 R で置き換えられている．したがって，nMOS トランジスタがオフのときの電流 $i_{D\mathrm{off}}$ は小さくすることができるが，オンのときの電流 $i_{D\mathrm{on}}$ を小さくすることができない．このため，消費電力は CMOS 論理回路よりも大きい．

また，負荷抵抗 R の抵抗値は，CMOS 論理回路の pMOS トランジスタがオンになったときの抵抗値より大きい．このため，出力に接続された次段の論理回路のゲー

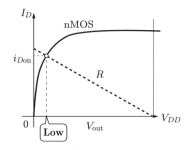
（a）nMOS トランジスタがオンのとき

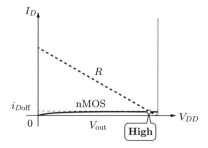
（b）nMOS トランジスタがオフのとき

図 3.10 nMOS 論理ゲートの動作曲線

ト電極を充電する電流（図 3.6 の i_{chg}）が CMOS 論理回路より小さくなる．したがって，充電にかかる時間が nMOS 論理回路のほうが CMOS 論理回路より長くなるので，全体の動作速度は nMOS 論理回路のほうが CMOS 論理回路よりも遅くなる．

ここで，図 3.9 に示す負荷抵抗（負荷となる抵抗器）R を考えよう．一般に，配線の配線長や幅を調整することで，簡単に所望の抵抗値の抵抗器を実現できる．しかし，この方法では配線長が長くなり，微細な抵抗器を実現することが困難となる．このため集積回路では，固定抵抗もトランジスタで実現する．

具体的には，**図 3.11**（a），（b）に示すように，トランジスタのゲートをドレイン，またはソースと接続した 2 端子素子を負荷抵抗として利用する．2 端子素子とすることで，スイッチとしてのトランジスタ動作ではなく，負荷抵抗として動作する．ただし，抵抗器のような線形な電圧 – 電流特性ではなく，ダイオードのような非線形な電圧 – 電流特性をもつ 2 端子素子として振る舞う．なお，ゲートとソースを接続して 2 端子素子とする場合は，負荷抵抗としての動作点の関係から，図（b）に示すように，デプレッション型の nMOS トランジスタを使用する．

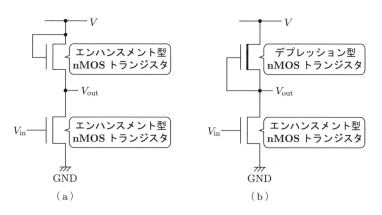

図 3.11 nMOS 論理回路の NOT ゲート

3.1.6　ゲートレベル設計とトランジスタレベル設計の比較

論理関数をまず論理ゲートどうしの接続関係（論理回路）で表現し，その論理ゲートをトランジスタでハードウェア化する手法が**ゲートレベル設計**である．一方，3.1.2 項で説明したように，論理関数をトランジスタで直接設計し，ハードウェア化する手法が**トランジスタレベル設計**である．

どのような論理関数でも論理ゲートの接続関係，すなわち論理回路に自動的に展開できるので，ゲートレベルの設計手法により，論理関数のハードウェア化設計は容易

になる．集積回路の場合，図 3.12 に示すように，半導体チップ*1（約 1 cm 四方の薄い半導体基板）の上にあらかじめ基本的な論理ゲート（図では 2 入力 NAND ゲート）を配列して製造しておき，後から論理ゲート間を接続する配線だけを追加製造することで，さまざまな機能をもつディジタル集積回路を短期間に実現することができる（回路が製造された後の半導体チップを集積回路チップとよぶ）．この集積回路の設計と製造の概念は，**ゲートアレイ**とよばれる代表的な集積回路方式のもととなる考え方である（ゲートアレイについては 8 章で解説する）．

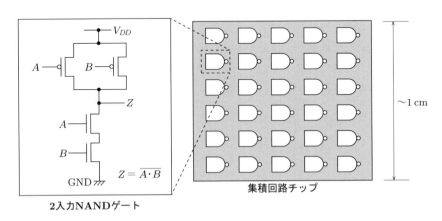

図 3.12 ゲート配列による集積回路（ゲートアレイのもととなる概念）

トランジスタレベルの設計では，ゲートアレイのように集積回路の一部をあらかじめ製造しておくこともできない．このため，トランジスタレベルの設計による集積回路開発は，ゲートレベル設計に比べて設計と製造に時間がかかる．

一方，トランジスタレベル設計では，ゲートレベル設計に比べて少ないトランジスタ数で論理回路を実現することができる．具体的な例を，論理式 $Z = \overline{(A+B) \cdot (C+D)}$ を用いて説明しよう．この論理式はトランジスタレベルの設計により，図 3.3 に示すように 8 個のトランジスタで実現できる．一方，この論理回路をゲートレベルで設計した場合，図 3.13 となる．論理式 $Z = \overline{(A+B) \cdot (C+D)}$ をド・モルガンの法則を用いて展開することで，2 入力 NOR ゲート四つで表現できる．2 入力 NOR ゲート一つをハードウェア化するために四つのトランジスタが必要であるので，合計 16 個のトランジスタが必要となる．

以上からわかるように，この例では，トランジスタレベル設計により，ゲートレベル設計の半分のトランジスタ数で論理式がハードウェア化できる．これにより，集積回

---

*1 日本ではチップとよばれるが，海外ではダイ (die) とよぶのが一般的である．

3.1 MOS トランジスタによる論理回路　57

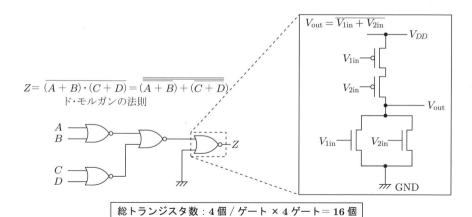

図 3.13 論理ゲートによる論理式のハードウェア化

路化する際の回路面積が小さくなり（高密度化が実現でき），消費電力も少なくなる．さらに，トランジスタレベルの設計のほうが信号の入力から出力までの間のトランジスタ数が少なく，また，配線長も短くなるので信号の遅延時間が短くなり，したがって高速動作が可能となる．

このように，ゲートレベルかトランジスタレベルかの設計レベルによって得失がある．したがって，対象となる電子機器の性能と設計・製造期間などを十分検討し，設計レベルを決める必要がある（集積回路の製造工程と設計手法については，次章以降で説明する）．

3.1.7　パストランジスタを用いた論理回路

1.3 節の図 1.16 に示したように，スイッチを信号伝送経路に入れることで論理回路を形成することもできる．このように，信号経路の途中に入れるスイッチとしてのトランジスタを**パストランジスタ**とよぶ．MOS トランジスタは，このパストランジスタとして用いることができる．

一方，3.1.4 項で説明したように，nMOS トランジスタと pMOS トランジスタには，それぞれ論理値 "1"（High）と "0"（Low）の完全な転送が困難であるという問題点がある．そこで，nMOS トランジスタと pMOS トランジスタを**図 3.14**（a）に示すように対向させ，両トランジスタのゲートには，図のように S と $\overline{S}$ の逆相の制御信号を与える．この逆相の制御信号により，両トランジスタは同時にオンになり，同時にオフになる．両トランジスタは同時にオンとなるので，転送される論理値が "1" の場合は pMOS トランジスタがこの値を完全に転送し，"0" の場合は nMOS トランジスタ

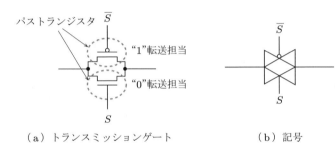

図 3.14 パストランジスタとトランスミッションゲート

がこの値を完全に転送する．これにより，MOS トランジスタをパストランジスタとして用いる際の問題点を解決することができる．この nMOS トランジスタと pMOS トランジスタを対向させて接続した回路は**トランスミッションゲート**（あるいは**トランスファゲート**）とよばれる．トランスミッションゲートは図(b)に示す回路記号で示され，構造が簡単なため，さまざまな論理回路に利用されている．

図 3.15 はトランスミッションゲートによる**セレクタ回路**である．制御信号 S が "1"（$\overline{S}$ は "0"）のときは，図の上側のトランスミッションゲートがオンとなり，入力 A がトランスミッションゲートによって伝送され，Z に出力される．逆に，S が "0"（$\overline{S}$ は "1"）のときは，図の下側のトランスミッションゲートがオンとなり，入力 B が伝送され，Z に出力される．

図 3.16 は，一部にトランスミッションゲートを利用した**全加算回路**[*1]である．

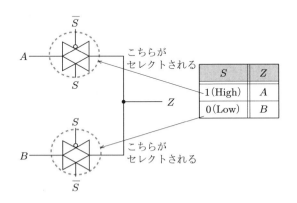

図 3.15 トランスミッションゲートによるセレクタ

[*1] 全加算回路は，桁上げ信号（C_i）を含めた加算回路である．

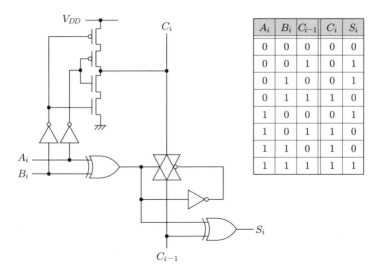

図 3.16 トランスミッションゲートを用いた全加算回路

例題 3.2　全加算回路を，すべて 2 入力 NAND ゲートを用いてゲートレベル設計した場合と，図 3.16 に示すトラスミッションゲートを用いた回路設計（一部をトランジスタレベルで設計）した場合とで，トランジスタ数を比較しなさい．なお，2 入力の排他的論理和（EX-OR）をトランジスタレベルで設計した場合，8 個のトランジスタで実現できる（演習問題 3.5）．

解　答　全加算回路をすべて 2 入力 NAND ゲートで設計した場合，9 個の 2 入力 NAND ゲートが必要になる．2 入力 NAND ゲートは 4 個のトランジスタで実現できるので，全部で 36 個のトランジスタ（4 トランジスタ × 9 ゲート）が必要である．

一方，図 3.16 に示す設計では，

トランスミッションゲート：2 トランジスタ
排他的論理和 × 2 個：16 トランジスタ（8 トランジスタ × 2 ゲート）
NOT ゲート × 3 個：6 トランジスタ（2 トランジスタ × 3 ゲート）
その他：4 トランジスタ

より，全部で 28 個となる．

このようにトランスミッションゲートを利用できる回路では，回路規模を小さくすることができる．また，5 章で説明するように，トランスミッションゲートを用いることで，記憶回路を構成することも可能である．

3.2 ダイオードによる論理回路

2章で説明したとおり，ダイオードはもっとも単純な構造で，かつ基本的な半導体デバイスである．ダイオードを用いることで，基本論理ゲートを作成することはできる．しかし，基本論理ゲートどうしを接続して論理回路を構成することができない．以下では，ダイオードを用いた基本論理ゲートと，その基本論理ゲートを用いた論理回路の問題点を説明しよう．

図 3.17（a），（b）は，それぞれ 5 [V] を電源電圧として，ダイオードを二つ用いた 2 入力（V_A と V_B），1 出力（V_{out}）の回路である．また，V_A と V_B に 5 [V] と 0 [V] をそれぞれ与えたときの出力の電圧値を表としてまとめてある．

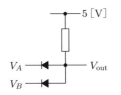

入出力電圧値 [V]

V_A	V_B	V_{out}
0	0	0.7
0	5	0.7
5	0	0.7
5	5	5

（a）2 入力 AND ゲート

入出力電圧値 [V]

V_A	V_B	V_{out}
0	0	0
0	5	4.3
5	0	4.3
5	5	4.3

（b）2 入力 OR ゲート

図 3.17 ダイオードを用いた論理ゲート

図（a）の場合，V_A と V_B のどちらか一つでも 0 [V] となると，そのダイオードは順方向接続となり，V_{out} の電圧値は内蔵電位 $V_b = 0.7$ [V] となる．ここで，2.5 [V] を論理しきい電圧とすれば，この表は AND ゲートの真理値表となる．すなわち，図（a）は 2 入力 AND ゲートを実現している．

図（b）の場合，V_A と V_B の両方が 0 [V] のときは V_{out} の電圧値は 0 [V] であるが，V_A と V_B のどちらか一つでも 5 [V] となるとそのダイオードは順方向接続となり，V_{out} の電圧値は電源電圧 5 [V] から $V_b = 0.7$ [V] だけ降下した 4.3 [V] となる．したがって，図（a）の AND ゲートと同じように，2.5 [V] を論理しきい電圧とすると，この表は OR ゲートの真理値表となる．すなわち，図（b）は 2 入力 OR ゲートを実現している．このように，ダイオードだけで簡単に基本論理ゲートを実現できる．

しかし，ダイオードによる論理ゲートどうしを接続した場合には正しい論理値が得られないことがある．このため，ダイオードだけで論理回路を構成することはできない．つぎの【例題3.3】でそのことを確かめよう．

例題 3.3 図 3.18 に示す論理回路をダイオードで構成した場合，正しい出力論理値 High（"1"）が得られないことを示しなさい．

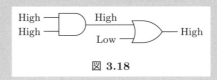

図 3.18

解答 図 3.18 をダイオードによる AND ゲートと OR ゲートで構成した回路図を，**図 3.19** に示す．これに，High = 5 [V]，Low = 0 [V] を与えると，図に示す経路で電流 i が流れ，ダイオードの両端に 0.7 [V] の電位差が発生する．いま，抵抗 r が二つとも同じ値であったとすると，抵抗の両端の電位差は，

$$\frac{5\,[\text{V}] - 0.7\,[\text{V}]}{2} = 2.15\,[\text{V}]$$

となる．これより，OR ゲートの出力電圧は 2.15 [V] となり，2.5 [V] を論理しきい電圧とした場合は出力論理値は Low となるため，正しい論理値とはならない．このように，ダイオードを用いた論理ゲートどうしを接続した場合，正しい論理値が得られなくなるため，ダイオードを用いて論理回路を構成することはできない[*1]．

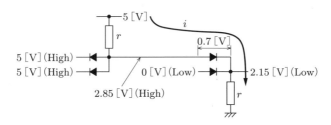

図 3.19 ダイオードによる論理ゲートの接続とその動作解析

[*1] アナログ回路の観点で見た場合，ダイオードは 2 端子素子であり，トランジスタのような電流や電圧の増幅能力はない．このため，次段のゲートを十分駆動することができず，論理回路を構成することができない．

3.3 バイポーラトランジスタによる論理回路

3.3.1 DCTL と RTL

バイポーラトランジスタを用いたもっとも簡単な論理ゲートの回路構成例を**図 3.20**に示す．図(a)は NOT ゲートであり，図(b)は 2 入力の NOR ゲートである．どちらも図 1.14 に示したスイッチング動作を原理とした論理回路方式である．また，これは 3.1.5 項で説明した nMOS 論理回路と同じ論理回路方式である．

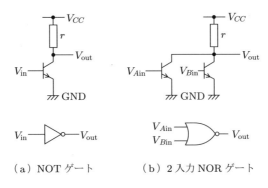

図 3.20 バイポーラトランジスタによる基本論理ゲート

そして，論理ゲートどうしを接続した回路を**図 3.21**に示す．この例は 2 入力 NOR ゲートの出力を二つの NOT ゲートの入力としている．バイポーラトランジスタも MOS トランジスタと同様に，図のように単純に出力と入力を接続することで問題なく動作すると一見思われる．しかし，以下に説明するように，いくつかの欠点がある．なお，このように単純に出力と入力を接続して構成されたバイポーラトランジスタによる論理回路方式は，**DCTL**（direct coupled transistor logic）とよばれる．

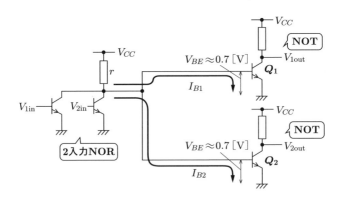

図 3.21 DCTL における論理ゲートの接続

図 3.21 で 2 入力 NOR ゲートのトランジスタが二つともオフのとき，NOR ゲートの出力は High となる．これにより，二つの NOT ゲートのベース電圧 V_{BE} は 0.7 [V] となり，それぞれのトランジスタ Q_1 と Q_2 はオンとなる（NOT ゲートの出力は Low となる）．そして，2 入力 NOR ゲートの抵抗 r を介して，電源 V_{CC} から二つの NOT ゲートにベース電流 I_{B1} と I_{B2} がそれぞれ流れ込む．MOS トランジスタの場合とは異なり，バイポーラトランジスタでは，I_{B1} と I_{B2} は定常的に流れる電流（定常電流）である．

まず，DCTL の場合，上述のとおり出力ゲートの High 電圧が 0.7 [V] と小さく，したがって，**論理振幅**（High と Low の電位差）も小さくなる．論理振幅が小さいと，外部からのノイズや温度変化，製造ばらつきなどによる出力電圧の変動によって，論理値 High と Low が誤って伝わる可能性が高くなる．

また，まったく同じ特性のトランジスタを製造することは困難であるため，各トランジスタの V_{BE}–I_B 特性に差が生じる．バイポーラトランジスタの V_{BE}–I_B 特性はダイオードの順方向特性（図 2.5（b））と同等であるため，V_{BE} が 0.7 [V] 近傍で少しでも変化すると，I_B は大きく変化する．ここで，バイポーラトランジスタの製造工程の問題などで V_{BE}–I_B 特性にわずかな差異が発生したとしよう．このような差があるにもかかわらず，図 3.21 に示すようにトランジスタ Q_1 と Q_2 のベースどうしを接続した場合，V_{BE} は両者で等しくなり，したがって両者に流れるベース電流 I_B には大きな差が生じる．このため，どちらかのトランジスタには十分なベース電流が流れなくなり，完全にオン状態にはならないことがある．このように，ベース電流に差が生じる現象は**カレントホギング**（current hogging）現象とよばれる．

DCTL のこれらの問題点は，図 3.21 の出力と入力の間に（入力ゲートのベースに直列に）抵抗を接続することで解決できる．この論理回路方式は **RTL**（resistor transistor logic）とよばれる．RTL は DCTL の問題点を解決できるが，一方で，抵抗によって回路の時定数が大きくなる（時定数については，4 章で説明する）．そのため，トランジスタのスイッチング時間が増加し，回路の動作速度が低下するという問題点がある．

3.3.2 DTL と TTL

DCTL や RTL の問題点を解決するために，3.2 節で述べたダイオードを用いた論理回路とトランジスタを組み合わせた論理回路方式が開発された．これらの論理回路方式は，**DTL**（diode transistor logic）や **MDTL**（modified DTL）とよばれる．図 3.22 に DTL による 2 入力 NAND ゲートを示す．ダイオード D_A と D_B で図 3.17 に示す AND ゲートを構成しており，それにトランジスタ Q_4 と抵抗 R_2 による NOT ゲートが接続されている．ダイオードだけを用いた論理ゲートにトランジスタによる

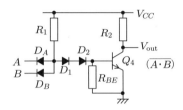

図 3.22 DTL による 2 入力 NAND ゲート

NOT ゲートを接続することにより，【例題 3.3】で示した"電位のずれによって正しい論理値が得られなくなる"という問題点を解決することができる．なお，D_1 と D_2 は回路中の電位を調整するためのダイオードであり，このように回路中の電位差の調整を目的としたダイオードを，**レベルシフトダイオード**とよぶ．また，R_{BE} は Q_4 のベースの電荷を引き抜き，回路を高速に動作するための抵抗である．

バイポーラトランジスタには，"電流を増幅する"というダイオードにはない特長がある．この特長を活かしてDTLを高速化するために，DTLのダイオードをトランジスタに変更した論理回路方式が **TTL** (tramsistor tramsistior logic) である．基本的な TTL の回路構成を**図 3.23** に示す．図 3.23 では，図 3.22 に示すダイオード D_A，D_B，D_1，D_2 と抵抗 R_2 をトランジスタ Q_1，Q_2，Q_3 に変更し，動作電位を調整するための抵抗 r_2，r_3，r_4 が加えられている．ダイオード D_1 は，レベルシフトダイオードである．トランジスタ Q_1 は，**マルチエミッタトランジスタ**とよばれる．これは，複数個のエミッタをもつトランジスタであり，図中にその集積化した際の断面図を示す．ベース領域（p 型半導体）中に複数個のエミッタ領域（n 型半導体）が構成されている．このマルチエミッタ・トランジスタ Q_1 のベース–エミッタ間の pn 接合，およびベース–コレクタ間の pn 接合を図 3.22 のダイオード D_A，D_B，および D_1 としてそれぞれ利用する．

また，図 3.22 のダイオード D_2 をトランジスタ Q_2 に置き換え，Q_2 のベース–エ

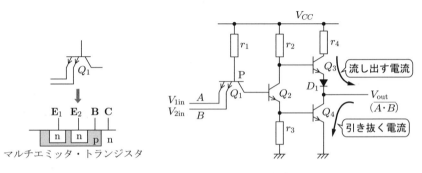

図 3.23 基本的な TTL の回路構成

ミッタ間の pn 接合によって，D_2 の役割であるレベルシフトを実現する．さらに，抵抗 R_2 をトランジスタ Q_3 に変更する．これらの変更により，トランジスタ Q_2 がオンのときは Q_3 がオン，Q_4 はオフとなる（出力は High となる）．一方，Q_2 がオフのときは，Q_3 がオフ，Q_4 はオンとなる（出力は Low となる）．

DTL（図 3.22）では出力側のトランジスタが Q_4 一つだけであった．このため，Q_4 がオンとなって出力が High から Low へ切り替わるときは，Q_4 のコレクタ電流によって大きな電流を引き抜くため，高速なスイッチングが可能である．一方，出力が Low から High へ切り替わるときは，抵抗 R_2 で電流を流し出すため，高速なスイッチングが困難である．TTL（図 3.23）では，出力が Low から High へ切り替わる際もトランジスタ Q_3 によって大きな電流を流し出すことができるため，高速なスイッチングが可能である．このように TTL は，トランジスタの電流増幅能力をうまく利用して高速化を実現した論理回路である．なお，Q_3 と Q_4 のように，電流を流し出すトランジスタと引き込むトランジスタで構成された出力用の回路は，**トーテムポール出力回路**とよばれる．

3.3.3 飽和型論理回路と活性型論理回路

バイポーラトランジスタのベースに蓄積されるキャリヤの量は，コレクタ，エミッタ間の電圧 V_{CE} によって変化する．これが原因で，図 **3.24**（a）に示すとおり，バイポーラトランジスタも MOS トランジスタに似た非線形な動作特性を示し，**活性（非飽和）状態**，**飽和状態**，そして**遮断状態**とよばれる三つの動作状態（領域）をもつ[*1]．

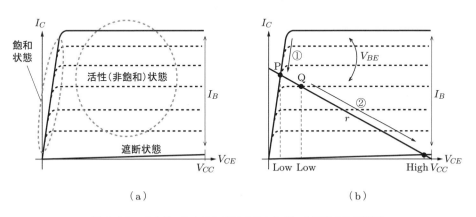

図 **3.24** バイポーラトランジスタによるゲート回路の動作状態

[*1] MOS トランジスタとバイポーラトランジスタでは，対応する状態（領域）の"飽和"と"非飽和"の名称が逆になっている．MOS トランジスタでは電流の飽和/非飽和を示しており，バイポーラトランジスタではキャリヤの飽和/非飽和を示している．

飽和状態は，V_{BE} だけでなく V_{BC} も順方向電圧が印加された状態であるため，ベース内のキャリヤの量が飽和状態になっている．このため，スイッチングの際に余分なキャリヤを移動させるための時間が必要となり，これが高速動作の妨げとなる．具体的に，図 3.24（a）に図 3.21（a）の回路の負荷抵抗 r 特性曲線も入れて，動作を考えてみよう（図 3.24（b））．点 P はトランジスタが飽和状態で出力が Low の状態であり，V_{BE} を小さくすることでトランジスタはオフ（遮断状態）となり，出力は High となる．このとき，図中の①→②と変化して High となる．一方，点 Q はトランジスタが活性（非飽和）状態で出力が Low の状態であり，図中の②の変化だけで High となる．①は飽和状態から活性状態に移る（ベースに蓄積された余分なキャリヤを減じる）過程であり，余分な時間となる．したがって，高速化のためには飽和状態を使わず，オンの状態を活性状態で止めておくことが必要である．飽和状態を用いた論理回路を**飽和型論理回路**とよび，飽和状態を用いない論理回路を**活性型論理回路（非飽和論理回路）**とよぶ．

すでに説明した TTL などの一連のバイポーラ論理回路方式では，素子の特性ばらつきなどが原因でオンの状態を活性状態で止めることが困難である．そのため，これらは飽和型論理回路である．これに対して，TTL に**ショットキーダイオード**を加えることや，電流を切り替えるタイプの論理回路方式（**ECL: emitter coupled logic**[*1]など）により，いくつかの活性型論理回路が実用化されている．

═══════════ 演 習 問 題 ═══════════

3.1 図 3.25 に示す CMOS 論理回路の論理式を示しなさい．

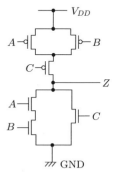

図 3.25

[*1] CML（current mode logic）とよばれることもある．

3.2 つぎに示す論理式を実現する CMOS 論理回路を設計しなさい．
(1) $Z = \overline{(A+B) \cdot C}$
(2) $Z = \overline{A \cdot B + C \cdot D}$

3.3 図 3.11（a）に示す nMOS 論理による NOT ゲートの動作曲線を示し，動作を説明しなさい．

3.4 2 入力の排他的論理和（EX-OR）を 2 入力 NAND，2 入力 NOR，NOT の三つの基本ゲートを用いた論理回路で表しなさい．そして，このゲートレベルで設計した排他的論理和を MOS トランジスタで実現した場合のトランジスタ数を示しなさい．

3.5 図 3.26 はトランスミッションゲートを用いた基本的な CMOS 論理ゲートである．どのような論理ゲートか述べなさい．

3.6 図 3.27（a）は CMOS 論理回路の出力どうしを接続した回路である．また，図（b）は TTL の出力どうしを接続した回路である．このように出力どうしを接続すると，どのような問題が生じるか述べなさい．

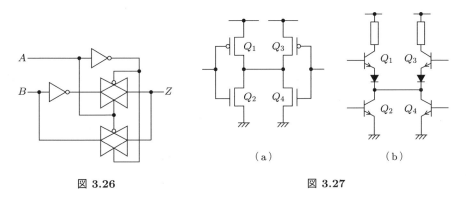

図 3.26   図 3.27

3.7 図 3.28 の回路動作を解析しなさい（真理値表を作成しなさい）．

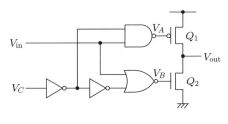

図 3.28

3.8 図 3.29（a）の破線内の回路は，図 3.23 に示す TTL 回路（2 入力 NAND ゲート）のトランジスタ Q_3，ダイオード D_1，抵抗 r_4 を取り去った回路である．この回路の出力 A をプルアップ抵抗 R で電源に接続することでも，出力 Z は 2 入力 NAND ゲートとなる．これに，さらに図（b）に示すように，もう一つの 2 入力 NAND ゲート（出力 B）を接続した場合，出力 Z はどのような論理式で表せるか示しなさい．

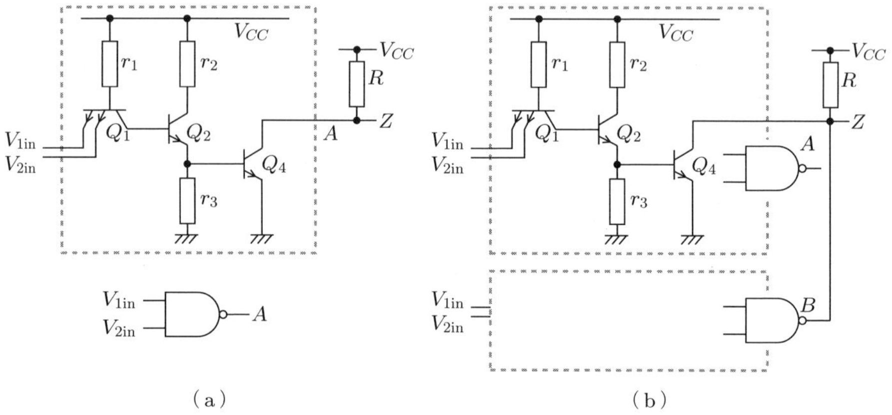

(a)

(b)

図 3.29

4章
動作速度と消費電力

　動作速度と消費電力は，ディジタル回路だけではなくアナログ回路も含めた電子回路全体にとって重要な性能指標であり，高速かつ低消費電力な電子回路が求められている．本章では CMOS 論理回路を対象にその回路モデルを示し，消費電力と動作速度を定量的に解析する．

4.1　CMOS 論理ゲート間の動作解析モデル

　3 章の図 3.6 で説明した論理ゲート間の接続とその充放電は，**図 4.1** に示す簡単な電気回路によってモデル化できる．出力ゲートの pMOS トランジスタと nMOS トランジスタは，それぞれ可変抵抗 r_p と r_n でモデル化している．なお，トランジスタがオンのときの抵抗値 $r_p = r_{pon}$，$r_n = r_{non}$ はオン抵抗とよばれ，すでに 2.4.6 項で定量的に解説している．

　pMOS トランジスタがオンのときは，$r_n = r_{noff} = \infty$（nMOS トランジスタがオフ）となり，電源 V から pMOS トランジスタ r_{pon} を介して電流 i_{chg} が流れ出す．一

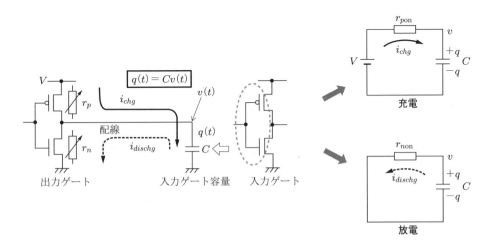

図 4.1　CMOS 論理回路の充放電モデル

方，入力ゲートは，その nMOS トランジスタと pMOS トランジスタのゲート電極の静電容量を一つにまとめ，静電容量 C のコンデンサとしてモデル化することができる（図 3.6 を参照）．電流 i_{chg} は配線を介してコンデンサ C を充電する．そして，コンデンサ C の電圧 $v(t)$ が入力ゲートのゲート電極電位となる．コンデンサ C が満充電になった状態（$v(t) = V$）が，入力 NOT ゲートに論理値 "1"（High）が伝わった状態である．なお，図 4.1 では入力ゲートを NOT ゲート一つとしたが，ほかのゲート（NAND や NOR，複合ゲート）になると，トランジスタ数が増すので，静電容量 C は増加する．また 3.1.4 項で述べたファンアウト数が増えても，C は増加する．さらに，正確には，ゲート電極だけではなく**配線**もコンデンサと見なすことができるので，コンデンサ C はゲート電極の静電容量と配線の静電容量の総和である．

nMOS トランジスタがオンのときは $r_p = r_{poff} = \infty$（pMOS トランジスタがオフ）となり，コンデンサ C の電荷が放電される．その電流 i_{dischg} は配線と nMOS トランジスタ r_{non} を介してグランドに流れ込む．コンデンサ C が空になった状態（$v(t) = 0$）が，入力 NOT ゲートに論理値 "0"（Low）が伝わった状態である．

このように，論理ゲート間の回路動作は，電源 V による抵抗 r_{pon} を介したコンデンサ C の充電と，r_{non} を介したコンデンサ C の放電として解析できる．

ここで，r_p, r_n は可変抵抗であるため，抵抗値は，それぞれ無限大から r_{pon}, r_{non} へと連続的に変化するので，正確にはその途中の抵抗値を用いて動作を解析する必要がある．しかし，ここではその途中の値は無視し，$r_p = \infty$，$r_n = \infty$ の状態（オフ状態）と $r_p = r_{pon}$，$r_n = r_{non}$（オン状態）の二つの状態でモデル化する．

4.2 動作速度

論理ゲートどうしの接続を考えると，**図 4.2** に示すように，出力ゲートの入力信号が理想的な矩形波であったとしても，その出力信号（入力ゲートの入力信号）の波形は，立ち上がりと立ち下がりが鈍った波形となる（出力信号は，理想的な矩形波とはならない）．これは，前節で説明した抵抗 r_{non}，r_{pon} を介したコンデンサ C の充放電に時間がかかるためである．コンデンサ C の充電時が信号の立ち上がり（論理値 "0"→"1"），放電時が信号の立ち下がり（論理値 "1"→"0"）である．そして図に示すように，この**遅延時間**の測定基準として，論理値 "1" と論理値 "0" の中間点の値 $V/2$（論理しきい電圧）からの遅れ時間 t_{pd} が用いられる．論理しきい電圧 $V/2$ よりも高電圧であれば論理値 "1"，低電圧であれば論理値 "0" と判定できる．

論理ゲートを複数接続した場合，この論理ゲート 1 個あたりの遅延時間 t_{pd} が接続されている論理ゲートの数だけ累積し，全体の遅延時間となる．この遅延時間によっ

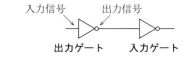

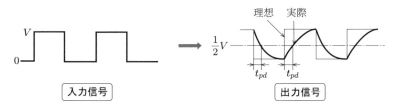

図 4.2 回路遅延

てディジタル回路の動作速度（クロック周波数）が決定されるので，ディジタル回路の高速動作のためには，t_{pd} の低減が重要である．

ここでは図 4.1 のモデルを用いて，まず，コンデンサ C の充電時の時間変化（信号の立ち上がりの時間変化）を求める．充電中にコンデンサに蓄積されている電荷を $q(t)$，コンデンサの両電極の電圧を $v(t)$ とすると，

$$q(t) = Cv(t) \tag{4.1}$$

である．電荷 $q(t)$ と電流 $i_{chg}(t)$ の関係は $i_{chg}(t) = dq(t)/dt$ であり，これより式 (4.1) は

$$i_{chg}(t) = \frac{dq(t)}{dt} = C\frac{dv(t)}{dt} \tag{4.2}$$

と表せる．また，抵抗 r_{pon} の両端の電圧 $r_{pon}i_{chg}(t)$ とコンデンサの両電極の電圧 $v(t)$ の和は電源電圧 V であることから，

$$i_{chg}(t)r_{pon} + v(t) = V \tag{4.3}$$

である．よって，式 (4.2) と式 (4.3) から，$v(t)$ を表す微分方程式

$$r_{pon}C\frac{dv(t)}{dt} + v(t) = V \tag{4.4}$$

を得る．この解 $v(t)$ がコンデンサ C の充電圧の時間変化，すなわち，出力ゲートの出力信号（入力ゲートの入力信号）が論理値 "0" から "1" への変化する時間変化を示している．

この微分方程式は 1 階の非同次常微分方程式であり，一般解は，この式の特殊解と，右辺を $V = 0$ としたとき（1 階の同次常微分方程式）の一般解の和となる．

> **【特殊解】**
>
> 特殊解とは不定数を含まない解であり，通常は与えられた式から解を見つけることが多い．式 (4.4) は
>
> $$v(t) = V \tag{4.5}$$
>
> が特殊解の一つであることはすぐにわかる．

> **【1 階の同次常微分方程式の一般解】**
>
> 1 階の同次常微分方程式は
>
> $$r_{pon}C\frac{dv(t)}{dt} + v(t) = 0 \tag{4.6}$$
>
> であり，これより
>
> $$\frac{1}{v(t)}dv = -\frac{1}{r_{pon}C}dt \tag{4.7}$$
>
> と変形できる．両辺を積分すると
>
> $$\int \frac{1}{v(t)}dv = -\frac{1}{r_{pon}C}\int dt \tag{4.8}$$
>
> から，
>
> $$\ln v(t) = -\frac{1}{r_{pon}C}t + A \tag{4.9}$$
>
> である（A は不定数）．これより，一般解は
>
> $$v(t) = A\exp\left(-\frac{t}{r_{pon}C}\right) \tag{4.10}$$
>
> となる（ここでは $\exp A$ をあらためて不定数 A とおいている）．

式 (4.5)，(4.10) より，式 (4.4) の解（一般解）は

$$v(t) = A\exp\left(-\frac{t}{r_{pon}C}\right) + V \tag{4.11}$$

である．ここで不定数 A は，初期条件である $V(0) = 0$（$t = 0$ で，コンデンサ C は空の状態である）から求めることができる．すなわち，

$$v(0) = 0 = A + V \tag{4.12}$$

より

$$A = -V \tag{4.13}$$

である．したがって，

$$v(t) = V\left\{1 - \exp\left(-\frac{t}{r_{pon}C}\right)\right\} \tag{4.14}$$

を得る．これが，出力ゲートの出力信号（入力ゲートの入力信号）が "0" から "1" に変化する時間となる．

例題 4.1 図 4.1 のモデルを用いて，コンデンサ C の放電時の時間変化（信号の立ち下がりの時間変化）を求めなさい．

解 答 充電されたコンデンサ C の電荷が抵抗 r_{non} を介して放電されるときのコンデンサの両電極の電圧を $v(t)$ を表す微分方程式は

$$r_{non}C\frac{dv(t)}{dt} + v(t) = 0 \tag{4.15}$$

となる．これは，1 階の同次常微分方程式であり，すでに説明したとおり，その一般解は

$$v(t) = B\exp\left(-\frac{t}{r_{non}C}\right) \tag{4.16}$$

である（B は不定定数）．不定定数 B は初期条件である $V(0) = V$ より求められ，

$$v(0) = B = V \tag{4.17}$$

であり，したがって，

$$v(t) = V\exp\left(-\frac{t}{r_{non}C}\right) \tag{4.18}$$

を得る．これが，出力ゲートの出力信号（入力ゲートの入力信号）が "1" から "0" に変化する時間となる．

式 (4.14) と式 (4.18) を図示すると，それぞれ**図 4.3**（a），（b）となる．図から明らかなように，充放電が完全に終了するまでには時間がかかる．この時間を決める変数

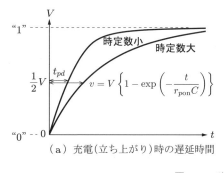
（a）充電（立ち上がり）時の遅延時間

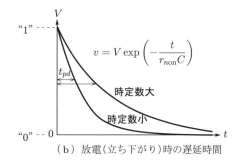
（b）放電（立ち下がり）時の遅延時間

図 **4.3** 論理値の時間変化

が式 (4.14) と式 (4.18) の $r_{pon}C$, $r_{non}C$ であり，この抵抗値とコンデンサ容量の積は**時定数**（ここでは τ と表記する）とよばれる．時定数 τ が大きいほど充放電に時間がかかる．すなわち，遅延時間 t_{pd} が大きくなる．逆に，τ が小さいほど回路は高速に動作する．

抵抗 r_{pon}, r_{non} はトランジスタのオン抵抗であり（2.4.6 項），トランジスタの大きさや構造，移動度に依存する．微細化技術が進むほど，オン抵抗 r_{pon}, r_{non} を小さくできる．

また，静電容量 C は，先に述べたとおり，ゲート電極の静電容量と配線の静電容量の和である．微細化技術が進むほどゲート電極の静電容量は小さくなり，また，ゲート間の配線長も短くなる．このように，微細化が進むほど時定数を小さくできるので，回路の高速動作が可能となる．

4.3 消費電力 ―ダイナミックな消費電力―

トランジスタのスイッチング（オン/オフ動作）によって費やされる電力が，**ダイナミック（動的）な消費電力**である．図 4.1 に示す充放電モデルについて回路方程式（微分方程式）をつくり，これを解くことによってダイナミックな消費電力を求められるが，ここではもっと簡単に消費電力を求めてみよう．

コンデンサの電極間の電位差が V で電荷が Q であるとき，このコンデンサに蓄えられているエネルギー U は

$$U = \frac{1}{2}QV = \frac{1}{2}CV^2 \tag{4.19}$$

である．一方，電源は充電の際，これだけのエネルギーをコンデンサに蓄えるために，$0\,[\mathrm{V}]$ から $V\,[\mathrm{V}]$ まで電荷 Q を移動させている．したがって，電源の行った仕事 W_P は

$$W_P = QV = CV^2 \tag{4.20}$$

である．エネルギー保存則から，U と W_P の差は，充電の際にトランジスタや配線の抵抗の発熱によって消費された分である．すなわち，1 回の充電による発熱量 J_C は

$$J_C = W_P - U = CV^2 - \frac{1}{2}CV^2 = \frac{1}{2}CV^2 \tag{4.21}$$

となる．よって，論理ゲートが 1 回の充電を 1 秒間に f 回繰り返したとき，すなわち周波数 f でクロック動作をしたときの充電による消費電力（単位時間あたりの発熱量）P_C は

$$P_C = J_C f = \frac{1}{2}CV^2 f \tag{4.22}$$

となる.

一方，放電の際は，コンデンサに蓄えられた電荷がすべてグランドに流れ出る．つまり，エネルギー U がすべてトランジスタや配線の抵抗の発熱によって消費される．すなわち，1 回の放電による発熱量 J_D は

$$J_D = U = \frac{1}{2}CV^2 \tag{4.23}$$

である．これより，周波数 f でクロック動作をしたときの放電による消費電力（単位時間あたりの発熱量）P_D は

$$P_D = Uf = \frac{1}{2}CV^2 f \tag{4.24}$$

である.

よって，周波数 f でクロック動作をする一つの論理ゲートの消費電力 P は

$$P = P_C + P_D = CV^2 f \tag{4.25}$$

となる．これは，1 回の充電で電源の行った仕事 W_P が充電と放電の間にすべて熱になるので，消費電力は

$$P = fW_P = fQV = CV^2 f \tag{4.26}$$

と算出できると考えてもよい．なお，上記の説明でわかるように，消費電力は抵抗 r_{pon} と r_{non} によらない．なぜなら，1 回のサイクルが遅くても速くても，電源が行う仕事 W_P は同じためである．

ここで，式 (4.25)，(4.26) は周波数 f でスイッチングしたときの値であり，1 個の論理ゲートの最大の消費電力となる．単位時間（1 秒）あたりの 1 個の論理ゲートの**スイッチング確率**を $\alpha\,(0 < \alpha \leq 1)$ とすると，消費電力は

$$P = CV^2 f \alpha \tag{4.27}$$

と計算される.

消費電力を示す式 (4.27) は，CMOS 論理ゲートを用いた半導体集積回路の技術開発の推移と消費電力についての重要な関係を示している．式から明らかなように，CMOS 論理回路の消費電力（ダイナミックな消費電力）は動作周波数 f に比例して増加する．したがって，CMOS 集積回路の消費電力は，その動作速度の向上に伴って増加する．

動作周波数が数 MHz の頃は，CMOS 論理回路は消費電力の低い理想的な論理回路であり，**自然空冷**で十分冷却できた．しかし，動作周波数が数十 MHz になった頃から放熱用の**冷却フィン**が必要となり，数百 MHz 以上では空冷用のファンを用いた**強制空冷**が不可欠となった．この消費電力の増加を抑えるためには，電源電圧の低減が

効果的である．式 (4.27) に示すように，消費電力は電源電圧の 2 乗に比例するため，電源電圧を 1/2 にすれば，消費電力は 1/4 になる．このため，動作周波数 f の増加とともに，電源電圧 V を低減させることが開発指針となっている．

さらに，消費電力はコンデンサの静電容量 C に比例する．静電容量 C のほとんどは，入力ゲートのゲート電極の静電容量と，配線の静電容量によって決まる．したがって，トランジスタや配線を微細化するほど，消費電力を低減することができる．

一方，微細化することでゲート一つあたりの消費電力は減らせるが，集積回路チップ全体に集積されるトランジスタ数と配線数は微細化により増加する．このため，集積回路チップの消費電力は，この微細化と集積度の関係で決定されることに注意する必要がある．

なお，ダイナミックな消費電力には，コンデンサ C の充放電による消費電力のほかに，貫通電流による消費電力もある．貫通電流とは，3.1.3 項で述べたように，pMOS トランジスタと nMOS トランジスタがオンからオフ，あるいはオフからオンに切り替わる途中に両トランジスタが導通状態となり，瞬間的に電源からグランドに流れる電流である．この電流による消費電力はコンデンサ C の充放電による消費電力よりも一般に小さいが，一回のオン/オフサイクルの貫通電流による発熱量を W_t とすると，この項を加えて，式 (4.27) は

$$P = CV^2 f\alpha + W_t f\alpha = (CV^2 + W_t)f\alpha \tag{4.28}$$

と表される．

集積回路チップ全体の電源電圧 V を下げるほかに，ダイナミックな消費電力を低減させる代表的な方法を，表 4.1 に示す．いずれの方法も，式 (4.28) に示す C，V，f，そして α のいずれかを低減させることで低消費電力化を図っている．

表 4.1 ダイナミックな消費電力を低減する技術

名称	方法
ゲーテッド・クロック	クロック信号を選択的に停止する（クロック供給を止める）．$\alpha = 0$ にする．
オペランド・アイソレーション	演算器の入力信号を固定し，スイッチングを停止する．$\alpha = 0$ にする．
低電力テクノロジマッピング	α の大きなゲートをスタンダードセル（8 章で解説する）の中に入れて，C を低減する．
DVFS (dynamic voltage and frequency scaling)	プロセッサが処理するプログラムごとの要求処理時間にあわせて，V と f を動的に変更する．
マルチ V_{DD}	チップ内で複数の電源電圧 V（V_{DD}）を使い分ける．

例題 4.2 式 (4.27) は，論理ゲート 1 個あたりの消費電力である．ここで，微細化によってトランジスタサイズ（図 3.1（c）の 1 辺の長さとゲート電極下の絶縁体膜厚）が $1/n$ になったとき，集積回路チップ全体の消費電力はどのように変化すると考えられるか．適宜，仮定をおいて考察しなさい．

解 答 式 (4.27) の C をトランジスタのゲート電極の静電容量のみと仮定（配線の静電容量は無視）すれば，トランジスタサイズが $1/n$ になると C は $1/n$ になる[*1]．一方，1 チップに集積されるトランジスタ数は n^2 倍となる（チップの面積が同じであれば，集積度は n^2 倍になる）．これより，動作周波数 f と電源電圧 V が同じであれば，トランジスタサイズが $1/n$ になるとダイナミックな消費電力は n 倍となる．

4.4 消費電力 ―スタティックな消費電力―

前節では，CMOS 論理回路の消費電力は，スイッチングの際に発生するダイナミックな消費電力が原因となることを述べた．このため，CMOS 論理回路は原理的に，動作していないときには電力を消費しない理想的な論理回路である．

しかし現実は，ダイナミックな消費電力だけではなく，トランジスタ内の**リーク電流**（漏れ電流）による消費電力が発生している．これは，スイッチングの有無にかかわらず常時発生している電流による消費電力であり，**スタティック（静的）な消費電力**である．

このスタティックな消費電力は，トランジスタのサイズが大きいとき（図 2.13 のゲート長 L が 100 [nm] 程度以上）はダイナミックな消費電力に比べて小さく，あまり問題にはならなかった．しかし，トランジスタサイズが小さくなるにつれて，ダイナミックな消費電力に対して無視できなくなり，ゲート長 L が 50 [nm] 程度では，スタティックな消費電力はダイナミックな消費電力とほぼ等しくなっている．そしてさらに微細化が進むにつれて，スタティックな消費電力がダイナミックな消費電力を上回るようになっている．

リーク電流には，大きく分けて**図 4.4** に示す 3 種類がある．

・サブスレショールド・リーク電流：I_{sub}

MOS トランジスタは，正確には，ゲート電圧 V_G がしきい電圧 V_{th} よりも低い領域（$V_G < V_{th}$）でもわずかな電流が流れる．これがサブスレショールド・リーク電流 I_{sub} であり，I_{sub} と V_G，V_{th} の間には

[*1] 平行平板電極コンデンサの静電容量は，$C \propto S/d$（S は平行平板電極の面積，d は平行平板電極間の距離）である．

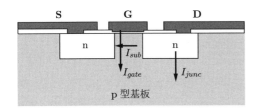

図 4.4　MOS トランジスタのリーク電流

$$I_{sub} \propto \exp(V_G - V_{th}) \tag{4.29}$$

の関係があることが知られている.

式 (4.29) より，V_{th} を高くすれば，同じ V_G で I_{sub} を減らすことができる．しかし，式 (2.21) より，V_{th} を高くすると $(V_G - V_{th})$ が小さくなるのでオン抵抗 r_{on} が大きくなる．このため式 (4.14), (4.18) の時定数が増大するので，高速化の妨げとなる．このように，リーク電流と高速化は相反する関係にある.

・ゲート・リーク電流：I_{gate}

微細化に伴うゲート絶縁膜の薄膜化で，絶縁性が低下する．この絶縁性の低下によりゲートと基板（チャネル）の間に流れる漏れ電流である.

・接合リーク電流：I_{junc}

微細化に伴う不純物濃度の増加や結晶欠陥の影響で，ドレインと基板，ソースと基板の間に流れる漏れ電流である.

リーク電流を低減することでスタティックな消費電力を低減する代表的な方法を，表 4.2 に示す．リーク電流のなかでもとくに深刻なのは I_{sub} であり，その低減には表

表 4.2　スタティックな消費電力を低減する技術

名称	対象	方法
マルチ V_{th}	I_{sub}	集積回路内で，高速/低速回路に伴い V_{th} を使い分ける.
基板バイアス制御		基板バイアスにより，V_{th} を制御する.
電源遮断 （パワー・ゲーティング）		回路の電源，またはグランドにスイッチ（トランジスタ）を挿入し，不要時（待機時）に回路への電源供給を遮断する.
High-k 材料	I_{gate}	高誘電体材料（High-k 材料）を用いることで，静電容量 C_{OX}（式 2.21）を低減せずに絶縁体膜を厚くする（絶縁性を高める）.
高精度不純物制御 ・低欠陥基板	I_{junc}	増加する不純物を低減する．基板の結晶欠陥（格子欠陥）を低減する.

4.5 スケーリング則

MOS トランジスタによる論理回路を高速化するには，4.2 節で述べたように，式 (4.14) と式 (4.18) の時定数 τ を小さくすることが必要である．

ここで，具体的に時定数 τ を計算してみよう．オン抵抗 r_{pon} と r_{non} は式 (2.21) で与えられ，式中の移動度 μ は pMOS トランジスタと nMOS トランジスタで異なった値となる．そこで，pMOS トランジスタの移動度を μ_p，nMOS トランジスタの移動度を μ_n とすると，式 (2.21) と $C = C_{OX}WL$ より[*1]立ち上がり時の pMOS トランジスタによる時定数 τ_p は，

$$\tau_p = r_{pon}C = \frac{1}{\frac{W}{L}\mu_p C_{OX}(V_G - V_{th})} \times C = \frac{WLC_{OX}}{\frac{W}{L}\mu_p C_{OX}(V_G - V_{th})}$$

$$= \frac{L^2}{\mu_p(V_G - V_{th})} \tag{4.30}$$

と求めることができる．ここで，出力ゲートと入力ゲートのトランジスタのゲート長 L は等しく，また，ゲート幅 W も等しいものとしている．同様に，立ち上がり時の nMOS トランジスタの時定数 τ_n は，

$$\tau_n = r_{non}C = \frac{1}{\frac{W}{L}\mu_n C_{OX}(V_G - V_{th})} \times C = \frac{WLC_{OX}}{\frac{W}{L}\mu_n C_{OX}(V_G - V_{th})}$$

$$= \frac{L^2}{\mu_n(V_G - V_{th})} \tag{4.31}$$

である．この結果から，ゲート長 L を短くすることが高速化（立ち上がりと立ち下がりの遅延時間 t_{pd} を短くすること）にとって重要であることがわかる．

ゲート長 L を短くすることを中心として，高速化と高集積化，高信頼性化を実現する設計指針が**スケーリング則**（表 4.3）であり，1974 年に R. H. Dennard らによって提案された．スケーリング則では，ゲート長 L，ゲート幅 W，コンデンサの電極間距離（絶縁体膜厚）t，そして，電源電圧 V_{DD} をすべて $1/k$ 倍にする（k がスケーリングを表す指数である）．これにより，動作速度は k 倍（遅延時間は $1/k$ 倍）になり，トランジスタの集積度は k^2 倍となる．そして，この設計ではコンデンサの電界強度

[*1] C はゲート電極の静電容量と配線の静電容量の総和であるが，ここでは，ゲート電極の静電容量のみとする．

表 4.3 スケーリング則（電界強度一定の場合）

設計パラメータ	スケール比
ゲート長 L	$1/k$
ゲート幅 W	$1/k$
コンデンサ電極間距離 t（絶縁体膜厚）	$1/k$
電源電圧 V_{DD}	$1/k$
不純物濃度 N_p, N_n	k

結果	スケール比
動作速度（遅延時間）	$k\ (1/k)$
トランジスタ集積度	k^2
素子あたりのダイナミックな消費電力	$1/k^2$
集積回路チップの単位面積あたりのダイナミックな消費電力（ダイナミックな消費電力密度）	1

は変化しないため[*1]，絶縁体膜の**絶縁破壊**を起こすことはなく，信頼性は低下しない．なお，表のスケーリング則は電界強度を一定に保つことを制約としているが，そのほかに，電源電圧 V_{DD} を一定にすることを制約とするスケーリング則（$V_{DD}=$ 一定）や，$V_{DD}=1/\sqrt{k}$ を用いるスケーリング則もある．

これまで MOS トランジスタは，このスケーリング則を設計指針として微細化技術が進められてきた．しかし，微細化が進むにつれて，スケーリング則に沿わない効果が表れており，これらを補正する材料やデバイス技術が開発されつつある．

例題 4.3 電界強度一定のスケーリング則（表 4.3）により，時定数 τ_p はどのように変化するか示しなさい．なお，電源電圧 V_{DD} を $1/k$ 倍にし，不純物濃度を k 倍にすることで，式 (2.21) の $(V_G - V_{th})$ の項の値は $1/k$ 倍になるものとする．

解答 式 (4.30) で L を $1/k$ 倍とし，また，$(V_G - V_{th})$ の項を $1/k$ 倍とすると，時定数 τ_p は，

$$\tau_p = r_{pon}C = \frac{\left(\dfrac{L}{k}\right)^2}{\mu_p\left(\dfrac{V_G - V_{th}}{k}\right)} = \frac{1}{k}\frac{L^2}{\mu_p(V_G - V_{th})}$$

となる．これより，時定数 τ_p は $1/k$ 倍となる．同様に式 (4.31) より，時定数 τ_n も $1/k$ 倍になる．

[*1] コンデンサ電極間の電界強度（電界の大きさ）E は，$E = V/t$ と計算できる．したがって，V と t をそれぞれ $1/k$ 倍にすれば E は変化しない．

演習問題

4.1 図 4.3（a），(b) で，抵抗 $r_{pon} = r_{non} = 10\,[\mathrm{k}\Omega]$，コンデンサの静電容量 $C = 10\,[\mathrm{fF}]$ のときの時定数 τ を求めなさい．また，このときの遅延時間 t_{pd} を求めなさい．

4.2 立ち上がり/立ち下がり開始（$t = 0$）から，それぞれ τ（時定数），2τ，3τ 時間後に達する電圧は，論理振幅電圧の何%になるか計算しなさい．

4.3 電源電圧 $V = 2\,[\mathrm{V}]$ で，コンデンサの静電容量が $C = 10\,[\mathrm{fF}]$，動作周波数が $f = 1\,[\mathrm{GHz}]$ で動作する一つの CMOS 論理ゲートのダイナミックな消費電力を計算しなさい．なお，貫通電流による消費電力は無視してよい．また，この論理ゲート 1 億個から構成される集積回路で，一つの論理ゲートの 1 秒間のスイッチング確率が 1% である場合，この集積回路の消費電力を計算しなさい．

4.4 表 4.1 に示すゲーテッド・クロックを実現する具体的な回路を設計しなさい[*1]．

4.5 表 4.2 に示す電源遮断（パワー・ゲーティング）の具体的な回路例を示しなさい．

4.6 電界強度一定のスケーリング則（表 4.3）により，MOS トランジスタのゲート容量を満充電にするまでの時間が $1/k$ 倍になることを，式 (2.18) に示す $I_{D\mathrm{max}}$ を充電電流として示しなさい．なお，電源電圧 V_{DD} を $1/k$ 倍にし，不純物濃度を k 倍にすることで，式 (2.18) の $V_P = (V_G - V_{th})$ の項は $1/k$ 倍になるものとする．

4.7 表 4.3 に示す"トランジスタ集積度"，"素子あたりのダイナミックな消費電力"，"集積回路チップの単位面積あたりのダイナミックな消費電力"が表に示すスケール比になることを示しなさい．電流は，【演習問題 4.6】と同じ式 (2.18) を用いなさい．なお，電源電圧 V_{DD} を $1/k$ 倍にし，不純物濃度を k 倍にすることで，式 (2.18) の $V_P = (V_G - V_{th})$ の項は $1/k$ 倍になるものとする．

[*1]「論理回路」や「ディジタル回路」で学んだフリップフロップを用いる．フリップフロップについては 5 章で解説するので，未学習の場合は 5 章を学んだ後に本問に取り組むことを勧める．

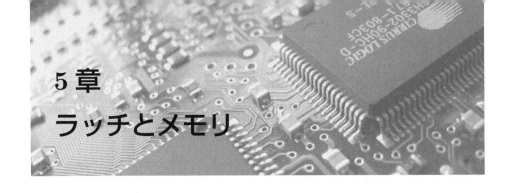

5章
ラッチとメモリ

　前章までは，論理回路のうち**組合せ回路**をどのようにトランジスタで実現するかについて説明した．論理回路を構成するには，組合せ回路だけではなく，**順序回路（記憶回路）** も必要である．さらに，コンピュータなどのシステムを構成するには，大規模な記憶回路である「メモリ」が必要である．本章では，はじめに記憶回路の原理について説明する．そして，いくつかの代表的なメモリの構成と動作原理について説明する．

5.1 ディジタルシステムの記憶回路

　ディジタルシステムで使用される記憶回路を大別すると，**ラッチ**と**メモリ**に分けられる．ラッチは1ビットを記憶する回路であり，論理回路の状態の記憶や小規模なデータを記憶するために使用される．たとえば，レジスタやカウンタなどがラッチで構成される．

　一方，プロセッサの主記憶やキャッシュメモリなどは，大規模なデータを高密度に記憶する必要がある．さらに，大規模なデータを高速に読み書きする必要がある．このため，単にラッチを大規模に集積するだけでは，これらの要求に対応することはできない．主記憶やキャッシュメモリなどでは，大規模・高密度化や高速化に対応するために，ラッチを2次元配列に配置することや，アドレス制御回路などの周辺回路が必要となる．このように，2次元に配列されたラッチや周辺回路を含めた一つのまとまりをメモリとよぶ．メモリは大規模な回路であるため，メモリ専用の集積回路（メモリ集積回路）として提供される．あるいは，プロセッサのキャッシュメモリなどでは，論理集積回路チップ内の特定の領域をメモリとして設計する．

　メモリには，データの読み書き速度がより速いこと（高速性）が要求される用途や，集積規模がより大きいこと（高集積性）が必要とされる用途，電源を落としてもデータが消えないこと（不揮発性）が必要とされる用途がある．このため，ラッチを用いたメモリだけではなく，ラッチに代わる記憶機構を用いることで，これらの用途に対応した性能のメモリを実現している．ラッチを用いたメモリが **SRAM**（static random access memory）であり，ラッチの代わりにコンデンサの充放電で記憶を実現したメモリが **DRAM**（dynamic random access memory）である．また，**不揮発性メモリ**を実現するために，ラッチの代わりに**フローティングゲート・トランジスタ**を用いた代表的なメモリが**フラッシュメモリ**である．これらのメモリの詳細は後述する．

なお，ラッチを**フリップフロップ**とよぶこともあるが，正確には両者は異なる．また，その差異についてもさまざまな見解がある．本書では「フリップフロップとは，クロック信号の立ち上がりや立ち下がりに同期して動作するラッチ」と考える（詳細は後述する）．

5.2 ラッチ

5.2.1 D ラッチと記憶の原理

ラッチには，D ラッチ，SR ラッチ，トグルラッチなど，さまざまな種類がある．D ラッチは制御信号によって入力信号を保持するラッチであり，ディジタルシステムにもっとも多く利用されている（正確には，後述する D フリップフロップがもっとも多く利用されている）．

D ラッチの基本的な構造と動作を図 5.1 に示す．D ラッチは，二つの NOT ゲート（NOT A と NOT B）と二つのスイッチ Sw1, Sw2 から構成される．記憶する値は，図中の左側の組合せ論理回路の出力値である（図では，組合せ論理回路の出力を High

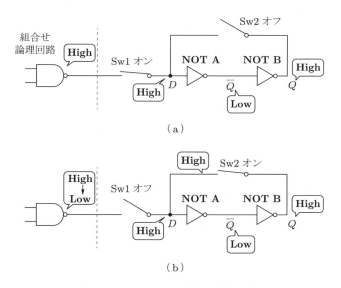

図 **5.1** D ラッチの基本的な構造と動作

としている).この値を記憶する際,まず,図(a)のように制御信号によってスイッチ Sw1 をオンとし,組合せ論理回路の出力を NOT A の入力 D に接続する ($D = \text{High}$).一方,Sw2 はオフである.これより,NOT A の出力 $\overline{Q}$ は Low となり,NOT B の出力 Q は High となる.信号の伝達には時間がかかるので,この出力 $Q = \text{High}$ が確定したところで,つぎに図(b)のように,制御信号によって Sw1 をオフとし,Sw2 をオンとする.これにより,NOT B の出力は NOT A の入力と接続され,$Q = \text{High}$ は $D = \text{High}$ に**フィードバック**(**帰還**)される.また,二つの NOT ゲートは組合せ論理回路とは切り離される.この結果,$Q = \text{High} (= D)$,$\overline{Q} = \text{Low}$ のフィードバックが繰り返され,組合せ論理回路の出力が High から Low に変化しても,前の値(High)を安定して保つ(記憶する)ことができる.これが,D ラッチの動作である.

ここで,D ラッチにおける"理想的な論理値への回復"について説明しよう.実際の組合せ論理回路の出力は,理想的な High/Low を示す電圧を出力することはない.たとえば,理想的な論理値を High レベルは 5 [V](電源電圧),Low レベルは 0 [V](グランド電位)とした場合,このような理想的な電圧を出力することはなく,5 [V] を下回っていたり,0 [V] を上回っていたりする.ときには,$\text{High} = 2.8\,[\text{V}]$ や $\text{Low} = 2.2\,[\text{V}]$ のように,理想的な High レベル,Low レベルから大きくずれて,論理しきい電圧 $V/2 = 2.5\,[\text{V}]$ ぎりぎりになることがある.

このような組合せ回路の出力値は,D ラッチに記憶する過程で理想的な High/Low に回復される.**図 5.2** にその原理を示す.図 5.2 は,図 5.1 の二つの NOT ゲートの入出力特性を示している.横軸は NOT A の入力と NOT B の出力であり,縦軸は NOT

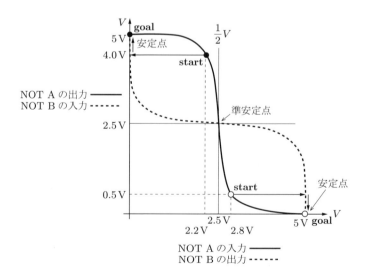

図 5.2 論理値の記憶と理想的な論理値への回復

Aの出力とNOT Bの入力である．たとえば，図中○の "start" に示すように，NOT Aの入力 High が $V/2$ に近い 2.8 [V] であっても，NOT Aの出力は 0.5 [V] となり，これは NOT B の入力としてはかなり理想的な Low（0 [V]）に近い入力となる．この結果，NOT B はほぼ理想的な High レベル（～5 [V]）を出力する．したがって，NOT Aの入力は，最初の 2.8 [V] からほぼ理想的な～5 [V] と変化する．このように，NOT AとNOT B の出力がフィードバック（帰還）することで，NOT Aの出力と NOT Bの出力は，理想的な値 $(Q, \overline{Q}) = (5\,[\text{V}], 0\,[\text{V}])$ にたどり着く（図中○の "goal"）．

同様に，NOT Aの入力 Low が $V/2$ に近い 2.2 [V] であっても，図中の●の "start" から出発して，●の "goal" に達することで，理想的な値 $(Q, \overline{Q}) = (0\,[\text{V}], 5\,[\text{V}])$ にたどり着く．

図 5.2 に示す回路の収束状態については，つぎのように求めることもできる．二つの NOT ゲートの直列接続は，High が入力されると High が出力され，Low が入力されると Low が出力されるため，論理的には意味がなく，これは電気回路的には**バッファ回路**となる（図 5.3）．そして，バッファ回路の入出力特性は，図 5.4 のように示される．

ここで，バッファ回路の出力（NOT B の出力）がバッファ回路の入力（NOT A の

図 5.3 NOT ゲートによるバッファ回路

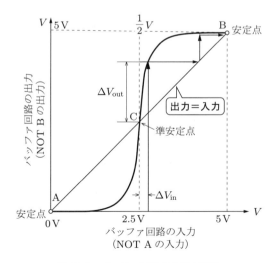

図 5.4 バッファ回路の入出力特性

入力) に接続される (フィードバックされる) 場合の収束状態は, "出力 = 入力" であり, "出力 = 入力" の直線 (図中) と入出力特性曲線の交点が収束状態となる. 交点は, 図中の点 A (入力 = 出力 = 0 [V]) と点 B (入力 = 出力 = 5 [V]), および点 C (入力 = 出力 = 2.5 [V]) である. 点 A と点 B はその傾きがほとんどゼロであるのに対して, 点 C は傾きが非常に大きく, 入力が点 C からわずかにずれただけでもその出力は大きく増幅される. たとえば図に示すように, 入力が $V/2 = 2.5\,\mathrm{V}$ から ΔV_{in} だけずれただけでも, 大きな出力 ΔV_{out} に増幅される. これが入力にフィードバックされることで, 図中の矢印に示す経路でフィードバックを繰り返し, 点 B に収束する.

このように点 A, B は安定点であるが, 点 C は準安定点となる. このため, 実際には点 C の状態で落ち着くことはなく, 点 A か点 B に落ち着く. これより, 二つの NOT ゲートの直列接続は理想的な High と Low を安定な状態としてもつことがわかる.

なお, 図 5.1 のスイッチ Sw1, Sw2 は, CMOS 論理回路の場合, 3 章で解説したトランスミッションゲートで実現できる. したがって, 図 5.1 は図 5.5 に示す回路で実現できる. G と $\overline{G}$ はスイッチ Sw1 と Sw2 のオン/オフを制御する制御信号であり, Sw1 と Sw2 はオン/オフが逆に動作する. D ラッチの回路記号と真理値表は図 5.6 であり, $G = \text{High}$ のときは, 入力 D がそのまま $Q(n)$ から出力される ($\overline{Q(n)}$ からは入力の反転が出力される). ここで, n は現在の状態であることを示す. 一方, $G = \text{Low}$ のときは入力 D の値に関係なく, 前の状態 ($n-1$ の状態) の値が記憶される ($Q(n-1)$, $\overline{Q(n-1)}$ の値が保持されたままとなる).

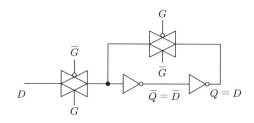

図 5.5 D ラッチの実現

記号

真理値表

D	G	$Q(n)$	$\overline{Q(n)}$
Low	High	Low	High
High	High	High	Low
Low	Low	$Q(n-1)$	$\overline{Q(n-1)}$
High	Low	$Q(n-1)$	$\overline{Q(n-1)}$

図 5.6 D ラッチの記号と真理値表

以上のように，Dラッチの特徴は，出力を入力に戻すフィードバック回路があることである．これにより，High/Lowの値を理想的な値に回復し，かつ安定に保持することができる．また，Dラッチだけではなく，一般にラッチとよばれる記憶回路は，このフィードバック回路が特徴であり，逆に，フィードバック回路をもつ記憶回路をラッチとよぶこともできる．

5.2.2 Dフリップフロップ

Dラッチは，図5.1のSw1がオンである間（図5.5の $G =$ Highである間）であれば，入力 D がそのまま出力 $Q(n) = D$, $\overline{Q(n)} = \overline{D}$ として出力される．すなわち出力は，Sw1がオンである間中，入力の変化に伴って変化する．そして，Sw1がオフ（Sw2がオン）になったときの値を記憶する．

これに対してDフリップフロップ（D-FF）は，信号 G の立ち上がりの瞬間，または，立ち下がりの瞬間に入力 D が出力 $Q(n) = D$, $\overline{Q(n)} = \overline{D}$ となり，それ以外の時間に入力に変化があっても，出力は変化しない（つぎの立ち上がり，または立ち下がりまで出力の値を記憶する）．現在のディジタルシステムは，そのほとんどがクロック信号（CK）の立ち上がりや立ち下がりの瞬間（エッジ）を時間基準とした**同期型順序回路**を用いており，そのためDラッチではなく一般にD-FFが用いられ，レジスタもD-FFで構成される．このためD-FFでは，信号名 G の代わりに CK が用いられる．

D-FFの回路記号と真理値表を，**図5.7**に示す．D-FFにはポジティブエッジ（アップエッジ）型とネガティブエッジ（ダウンエッジ）型がある．ポジティブエッジ型は CK 信号の立ち上がりの瞬間に出力 $Q(n)$ が決定し，ネガティブエッジ型は CK 信号の立ち下がりの瞬間に出力 $Q(n)$ が決定する．また，図にはポジティブエッジ型D-FFの真理値表を示しており，CK 信号の立ち上がりの瞬間に入力 D が出力 $Q(n)$ となる．そして，CK の立ち上がりの瞬間以外では，入力 D が変化したとしても，前の出力状態 $Q(n-1)$, $\overline{Q(n-1)}$ が保持される．

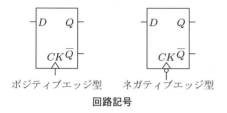

図 5.7 Dフリップフロップ（D-FF）の回路記号と真理値表

5.2.3 SR ラッチ

SR（set-reset）ラッチは，図 5.8 に示すように，2 個の 2 入力 NAND ゲートで実現できる．SR ラッチはこのように単純であるので，多くの論理回路の教科書において最初に登場するラッチである．しかし，実際の設計では D ラッチほど多くは利用されない．大切なことは，SR ラッチにも D ラッチと同様に，出力から入力へのフィードバックがあることであり，このフィードバックが記憶回路にとって本質的であることがわかる．

SR ラッチの回路記号と真理値表を図 5.9 に示す．入力が $\overline{S} = $ Low, $\overline{R} = $ High の場合は出力を $Q(n) = $ High, $\overline{Q(n)} = $ Low に設定でき，入力が $\overline{S} = $ High, $\overline{R} = $ Low の場合は $Q(n) = $ Low, $\overline{Q(n)} = $ High に設定できる．そして，$\overline{S} = $ High, $\overline{R} = $ High にすることで，出力は変化せず，その前 ($n-1$) に設定した出力を保持する（記憶する）．なお，$\overline{S} = $ Low, $\overline{R} = $ Low は禁止された入力である．

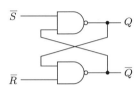

図 5.8 SR ラッチの回路

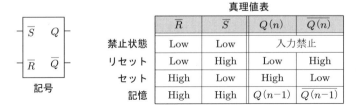

図 5.9 SR ラッチの記号と真理値表

	$\overline{R}$	$\overline{S}$	$Q(n)$	$\overline{Q(n)}$
禁止状態	Low	Low	入力禁止	
リセット	Low	High	Low	High
セット	High	Low	High	Low
記憶	High	High	$Q(n-1)$	$\overline{Q(n-1)}$

例題 5.1 D ラッチは，SR ラッチをもとに設計できる．SR ラッチに二つの 2 入力 NAND ゲートと一つの NOT ゲートを接続することで，D ラッチを設計しなさい．

解 答 SR ラッチから設計した D ラッチを図 5.10 に示す．2 入力 NAND ゲートは，その二つの入力のうちの一つが High であるとき，NOT ゲートとなる．したがって，$G = $ High のとき，SR ラッチに接続した二つの 2 入力 NAND ゲートはともに NOT ゲートとなる．そして，$G = $ High を保ったまま $D = $ High とすると，$Q = $ High ($\overline{Q} = $ Low) にセットされ，また，$D = $ Low とすると $Q = $ Low ($\overline{Q} = $ High) にリセットされる．これは，入力

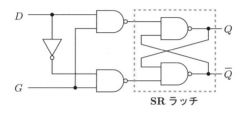

図 5.10 SR ラッチを用いた D ラッチ

の D 値が出力 Q ($\overline{Q}$) に出力されたことに等しい．そして，$G = \text{Low}$ にすると SR ラッチが記憶状態となり，$G = \text{High}$ のときの出力 Q ($\overline{Q}$) が保持される．

5.2.4 セットアップ時間とホールド時間

図 5.1（a）の状態で組合せ回路の出力が High（または Low）に変わった直後は，この組合せ回路の出力値を反映した値が NOT A の出力値としてすぐには表れない．組合せ論理回路の出力が NOT A の出力に表れるまでには時間遅れがある．このため，Sw1 と Sw2（これらは連動している）を図（a）から図（b）に切り替える前に，組合せ回路の出力は一定時間安定していなければならない．この時間が**セットアップ時間**である．

さらに，Sw1 と Sw2 が切り替わって図（b）となった後に，NOT A の出力が NOT B の出力として表れ，NOT B の出力が NOT A の入力にフィードバックされるまでにも時間遅れがある．このため，図（b）となった後も一定時間この状態を保つ必要がある．この時間が**ホールド時間**である．D ラッチや後述するメモリにはこのような時間遅れがあるため，定められたセットアップ時間とホールド時間を満たすように使用する必要がある．

セットアップ時間が不十分であると，NOT A の入力と NOT B の出力が異なった状態となり，フィードバックループが安定するまでに時間がかかり，その間は完全に High，または Low ではない中間状態の電圧が一定時間出力されることがある．この状態を，**メタステーブル状態**とよぶ．

5.3 メモリ集積回路の分類

メモリ集積回路には，その用途に応じて，大規模データの各1ビットの記憶を前述したラッチによって実現する方式と，ラッチ以外のいくつかの機構を用いて実現する方式がある．本節では，表 5.1 に示す代表的なメモリ集積回路について，その特徴と

表 5.1 メモリ集積回路の種類と特徴

揮発/不揮発	名称	書き換え回数	動作速度	記憶データ容量	特徴・用途
揮発	DRAM	無制限に書き換え可能	○	◎	コンピュータなどの主記憶
	SRAM		◎	△	プロセッサなどのキャッシュメモリ
不揮発	マスク ROM	製造時に 1 回	○（読み出しのみ）	○	安価，ゲーム機器，PDA
	フラッシュメモリ	10 万回程度	書き込みが△	◎	半導体ディスク，メディア記憶
	FeRAM	ほぼ無制限	○	○	IC カード，携帯電話

動作機構を解説する．

まず，メモリ集積回路は，記憶したデータが電源を切ると消えてしまう**揮発性**（volatile）か，電源を切っても記憶したデータが消えずに保存される**不揮発性**（non-volatile）かのどちらかで二分される．

揮発性より不揮発性であるほうが当然利便性は高く，用途も広い．しかし，不揮発性のメモリ集積回路はそのデータの読み書き速度が遅いという欠点がある．このため，プロセッサのキャッシュメモリのように超高速な動作を必要とする用途には，揮発性のメモリ集積回路である SRAM を用いる．また，高速でかつ比較的大規模な記憶容量を必要とするプロセッサの主記憶のような用途には，同じく揮発性のメモリ回路である DRAM が用いられる．

不揮発性のメモリ集積回路には，その製造工程で記憶データを書き込む（一般ユーザはデータを書き換えられない）**マスク ROM**（read only memory）や，一般のユーザがデータを書き換えることができる**フラッシュメモリ**などがある．また，最近は，DRAM を改良することで，これを不揮発性にした FeRAM（ferroelectric RAM）なども開発されている．

なお，RAM (random access memory) という名称は，その名のとおり，順不同にデータを書き込み/読み出し（アクセス）できるという意味である．これは，順番にデータを書き込み/読み出しするシーケンシャルメモリ（sequential memory）に対比して，研究開発当初につけられた名称であり，これが現在でも揮発性メモリの代名詞として使われている．

5.4 メモリ集積回路を用いたシステム構成例

代表的ないくつかのメモリ集積回路について個別に説明する前に，メモリ集積回路を用いたシステム構成例を説明しよう（**図 5.11**）．ここでは，SRAM を用いたプロセッサの主記憶構成の例を示すが，そのほかのメモリ集積回路の使い方も基本的には同じである．

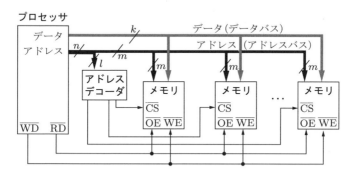

図 5.11 SRAM の使用例

メモリ集積回路はアドレス信号ピン（m ビット）とデータ信号ピン（k ビット）をもち，アドレス信号ピンに入力されたアドレス信号で指定された番地のデータをデータ信号ピンから読み出し，あるいはこの番地にデータを書き込む．アドレス信号ピン，データ信号ピン以外のピンは，制御信号ピンと電源ピンである（図には電源ピンは記載していない）．なお，複数の同種の信号のまとまりはバスとよばれ，図 5.11 の複数のアドレス信号とデータ信号は，それぞれまとめてアドレスバス，データバスとよばれる．

SRAM の制御信号ピンは，通常，チップセレクト信号ピン（$\overline{\text{CS}}$: chip select），読み出し指示信号ピン（$\overline{\text{OE}}$: open enable），書き込み指示信号ピン（$\overline{\text{WE}}$: write enable）である．$\overline{\text{CS}}$ は，このメモリ集積回路を動作可能とするか否かを選択する（このメモリ集積回路を選択する）信号である．また，$\overline{\text{OE}}$ と $\overline{\text{WE}}$ は，$\overline{\text{CS}}$ によってこのメモリ集積回路が選択されたとき，指定されたアドレスからデータを読み出すか，あるいは書き込むかを指示する信号である．なお，信号名を示す $\overline{\text{CS}}$，$\overline{\text{OE}}$，$\overline{\text{WE}}$ に上にバー（―）がついているのは，これらの信号が負論理であること，すなわち，電圧値が低い（Low）ときにその動作が有効になることを示している．負論理にしている理由は，通常，その動作が選択されていないときは電圧値を高く（High）しておき，外部からのノイズの影響を減らすためである．

図 5.11 では，プロセッサは n ビットのアドレス信号と k ビットのデータ信号で構成されている．たとえば $n=14$，$k=8$ とすると，16,384（$2^n = 2^{14}$）個の番地数で，各番地ごとに 8 ビット（1 バイト）のデータが記憶されるので，全体のメモリ空間（物理メモリ空間）は 131,072（$= 16,384 \times 8$）ビット[*1]となる．

メモリ集積回路の各アドレス信号ピン数を m ビットとして，$n - m = l$ ビットのアドレス信号線がアドレスデコーダに接続される．アドレスデコーダは l ビットの信号をデコードし，2^l 個のメモリ集積回路の選択信号 $\overline{\mathrm{CS}}$ を生成する．たとえば $l = 4$ であれば $2^l = 2^4$ より，16 本の $\overline{\mathrm{CS}}$ を生成でき，16 個のメモリ集積回路を選択することができる．この選択信号を各メモリ集積回路の $\overline{\mathrm{CS}}$ に接続することで，一つのメモリ集積回路を指定する．

一方，m ビットのアドレス信号線は，各メモリ集積回路の m ビットのアドレス信号ピンに接続される．上の例では $m = 10$，$k = 8$ であり，1 個のメモリ集積回路の番地数は 1,024（$= 2^m = 2^{10}$）個で，記憶データ容量は 8,192（$= 1,024 \times 8$）ビット[*2]である．

例題 5.2 図 5.11 に示す構成で，プロセッサのメモリ空間（物理メモリ空間）を 4 G バイトとする（1 アドレスあたりのデータ幅を 1 バイトとする）．これを 512 M バイトの SRAM（データ信号数は 8 = 1 バイトとする）で構成した場合に必要な SRAM の個数と k，l，m，n を求めなさい．

解答 SRAM のデータ信号数は 1 バイトなので，$k = 8$ である．また，アドレス信号数は 512 M $= 2^{29}$ より，$m = 29$ である．一方，プロセッサのアドレス信号数は 4 G $= 2^{32}$ より，$n = 32$ である．したがって，$m = 29$，$n = 32$ で，$l = 32 - 29 = 3$ である．必要な SRAM の個数は，4 GB/512 MB $= 8$ であり，これは，$2^l = 2^3 = 8$ と等しい．

5.5 SRAM 集積回路

5.5.1 メモリセル回路

メモリ集積回路を構成する回路のなかで，最小単位である 1 ビットの情報を記憶する回路を**メモリセル**とよぶ．MOS トランジスタを用いた SRAM 集積回路のメモリセルの回路を，**図 5.12**（a）に示す．一方の NOT ゲートの出力が他方の NOT ゲートの入力にフィードバック接続された構造になっており，5.2.1 項と 5.2.3 項で述べた D ラッチや SR ラッチと同じラッチ回路によって，1 ビットを記憶している．そして

[*1] 128 K ビット（16 K バイト）．
[*2] 8 K ビット（1 K バイト）．

5.5 SRAM 集積回路

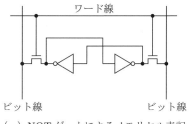

（a）NOT ゲートによるメモリセル表記

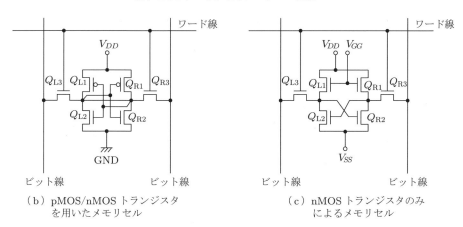

（b）pMOS/nMOS トランジスタを用いたメモリセル

（c）nMOS トランジスタのみによるメモリセル

図 5.12　SRAM のメモリセルの構成

ラッチの出力値（両 NOT ゲートの出力値）は，パストランジスタを介して，一対（2本）の配線に接続されている．この配線対のそれぞれをビット線とよぶ．ビット線対の状態は，一方のビット線の出力が High（Low）なら他方のビット線はその逆の Low（High）の 2 状態であり，これで論理値 "1" と "0" を表す．また，二つのパストランジスタのゲートは，**ワード線**とよばれる配線に接続されている．

ワード線の電位を High にすると二つのパストランジスタはオンとなり，ラッチの出力値（一方は High でもう一方は Low）がそれぞれのビット線に現れる．これが読み出し動作である．

一方，ワード線の電位が High の状態（パストランジスタがオンの状態）で，外部から強制的に**ビット線対**に High と Low の信号を与えることにより，ラッチの状態を外部から設定することができる．これが書き込みである．

図（b）に pMOS と nMOS の両方のトランジスタを用いた SRAM メモリセルを示す．一方，図（c）に nMOS トランジスタのみを用いた SRAM メモリセルを示す．どちらのメモリセルも 6 個のトランジスタで一つのメモリセルが構成されている．図（c）の場合は，NOT ゲートの負荷トランジスタ（Q_{L1} と Q_{R1}）のゲートに固定電位 V_{GG}

を与えることで，トランジスタを負荷抵抗として動作させている．

SRAM はメモリセルがラッチであるため，トランジスタに電源電圧（図中の V_{DD} や V_{GG}）が供給されていれば，安定して情報を保持することができる．一方，後述する DRAM は，トランジスタに電源電圧が供給された状態でも，時間とともに情報が保持できなくなってくる．このため，電源電圧が供給されていても，ある時間間隔で情報を再書き込みする動作（これを**リフレッシュ動作**とよぶ．詳しくは 5.6.3 項で説明する）が必要となる．DRAM がこのように記憶の保持に dynamic な（動的な）回路動作が必要であるのに対し，SRAM はリフレッシュ動作が不要である．SRAM が static（静的な）RAM とよばれるのはこのためである．

5.5.2　集積回路の構成

典型的な SRAM 集積回路の全体構成を**図 5.13** に示す．この例では，アドレス信号ピンは $A_0 \sim A_{10}$ の 11 本である．したがって，アドレス信号ピン数は $2^{11} = 2,048$ である．また，データ信号ピンは $I/O_0 \sim I/O_7$ の 8 本（1 バイト）である．すなわち，一つのアドレスは 1 バイトの情報を記憶している．これより，全体で 2,048 バイト $= 16,384$ ビットを記憶する 16 K ビット SRAM 集積回路を構成している．

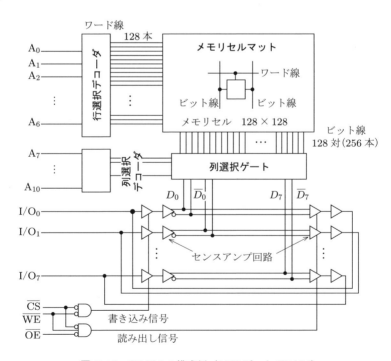

図 5.13　SRAM の構成例（16 K ビット SRAM）

5.5 SRAM 集積回路

メモリセルマットは，メモリセルが 2 次元の格子状に配置された回路である．この例では，メモリセルマットは 128 個 × 128 個のメモリセルから構成されている．そして，**行選択デコーダ**からの 128 本ワード線のそれぞれには，横方向に 128 個のメモリセルが接続されている．一方，**列選択デコーダ**からの 128 対（256 本）のビット線のそれぞれには，縦方向に 128 個のメモリセルが接続されている．

行選択デコーダは，$A_0 \sim A_6$ の 7 本アドレス線をデコードし，128 本のワード線のうち 1 本を選択する（ワード線の電位を High にする）．選択された 1 本のワード線に接続された 128 個のメモリセルのビット線対は，128 対（256 本）のビット線と接続され，列選択ゲートに接続される．ここでこの例では，128 対のビット線は 8 対（8 ビット）× 16 セットの構成となっている．列選択デコーダは $A_7 \sim A_{10}$ の 4 本のアドレス線の信号をデコードして 16 本のうち 1 本を選択する．この信号により，列選択ゲートでは 1 セット，すなわち 8 対（8 ビット）分のビット線対を選択し，$D_0, \overline{D_0}, \ldots D_7, \overline{D_7}$ と接続する．

列選択ゲートからの $D_0, \overline{D_0}, \ldots D_7, \overline{D_7}$ の各対は，**センスアンプ回路**[*1]に接続され，8 ビットの信号（$I/O_0 \sim I/O_7$）となる．この 8 ビットの情報を $I/O_0 \sim I/O_7$ の信号ピンから読み出すか，あるいは逆に，この信号ピンに外部から強制的に信号を与えてメモリセルに書き込むかは，制御信号ピン $\overline{CS}$, $\overline{OE}$, $\overline{WE}$ に与える信号によって制御される．

図 5.14 に SRAM 集積回路チップを実装したパッケージ例の上面図を示す（集積回路チップとパッケージの関係の詳細は，7 章で解説する）．上述した信号ピン，および電源ピン V_{DD}，グランドピン GND を合わせて，24 ピンから構成されている．

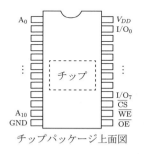

チップパッケージ上面図

図 5.14 SRAM パッケージの概観例（上面）

[*1] 二つの入力信号 $V_{1\text{in}}$ と $V_{2\text{in}}$ の電位差（$\Delta V = V_{1\text{in}} - V_{2\text{in}}$）の正負により V_out = High/Low ("1"/"0"）を出力する回路．逆に，入力信号 V_in の High/Low によって，二つの出力 $V_{1\text{out}}/V_{2\text{out}}$ が High/Low，または Low/High となる回路もセンスアンプ回路によって構成できる．

5.6 DRAM 集積回路

5.6.1 メモリセル回路

DRAM メモリ集積回路のメモリセルの回路を，図 5.15 に示す．DRAM メモリ集積回路は，図中のコンデンサ C に保持されている電荷の有無によって 1 ビットの情報を保持する（たとえば，電荷がたまっている状態が論理値 "1" で，電荷のない状態が "0" となる）．

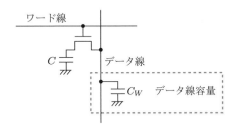

図 5.15 DRAM のメモリセルの構成

ワード線を High にするとコンデンサ C に接続された nMOS トランジスタがオンとなり，コンデンサ C がデータ線と接続される．これにより，コンデンサ C の電荷の有無をデータ線から読み出すことができる．あるいは，データ線からコンデンサ C に電荷の充放電を行うことにより，情報を書き込むことができる．なお，DRAM メモリセルのデータ線は，SRAM メモリセルのビット線（図 5.12）対に対応している（それぞれ開発の歴史が異なるため別の呼び名を用いているが，SRAM のビット線をデータ線とよぶこともある）．

SRAM が 6 個のトランジスタで 1 ビットの情報を記憶するのに対して，DRAM メモリセルは 1 個のコンデンサと 1 個のトランジスタで 1 ビットの情報を記憶する．このため，SRAM に比べて 1 ビットあたりの回路面積を小さくすることができ，したがって DRAM のほうが SRAM よりも大容量化（大規模なデータの記憶）が可能である．

一方，DRAM は，わずかな静電容量のコンデンサ C に蓄えられた電荷の有無を検出する必要があり，その際，データ線がもつ静電容量 C_W を含めた検出方法が必要となる．また，コンデンサ C に蓄えられた電荷は時間とともに自然放電する．このため，データを保持するために再充電（リフレッシュ動作）も必要になる．このように DRAM は，SRAM に比べて大容量化が可能であるが，微小電荷の検出や再充電など，SRAM にはない複雑な周辺回路が必要となる．

5.6.2 データの読み出しと書き込み

DRAM メモリセルからのデータの読み出しと書き込み動作について，**図 5.16** を用いて説明しよう．ここでは説明をわかりやすくするため，図 5.16 は，図 5.15 に対してワード線とデータ線が 90° 回転していることに注意されたい．

図の中央のセンスアンプ回路は，二つの入力信号のわずかな電圧の差を検出する回路である．センスアンプ回路にはデータ線が 2 本接続されており，各データ線には等しい数のメモリセルが接続されている．また，データ線の端にはダミーセルが接続されている．このように，センスアンプ回路に接続された回路は左右対称な構造となっている．

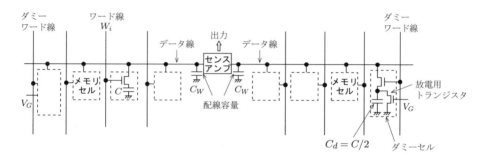

図 5.16 DRAM におけるダミーセルを用いたセンス方式

ダミーセルのコンデンサ（ダミー容量）C_d はメモリセルのコンデンサ C とは異なった容量（通常 $C_d = C/2$）であり，かつ C_d にたまった電荷を放電するためのトランジスタ（放電用トランジスタ）が並列接続されている．

ワード線 W_i に接続されたメモリセルのデータの読み出しは，以下の手順で行われる．

① ワード線 W_i を選択する前に，すべてのデータ線の電位を High（V_{DD}）にする（この操作を**プリチャージ**とよぶ）．これにより，すべてのデータ線がもつ静電容量（配線容量）C_W は充電される．また，センスアンプを挟んで，選択されるワード線 W_i 側のデータ線とは逆側のデータ線に接続されたダミーセルの放電用トランジスタをオンにする（図中の放電用トランジスタのゲート電圧 V_G を $V_G > V_{th}$ にする）．これにより，この放電用トランジスタに接続されたダミー静電容量 C_d を放電して，電荷を空にする．

② 選択するメモリセルのワード線 W_i，およびこれとセンスアンプを挟んで反対側のデータ線に接続されたダミーワード線の電位を High（V_{DD}）にする

③ ここで，ワード線 W_i に接続されている各メモリセルのコンデンサ C が充電されている場合（論理値 "1"）と放電されている場合（論理値 "0"）で，ワード線とダミー

ワード線の電位を High (V_{DD}) にした後のデータ線の電位変化を求めると以下のようになる.

· 充電されている場合

コンデンサ C の電位とワード線 W_i 側のデータ線 (静電容量 C_W) の電位は同じく V_{DD} なので,電荷の再配分は起こらず,データ線の電位の変化 ΔV_{data} (充電) は

$$\Delta V_{data}(\text{充電}) = 0 \tag{5.1}$$

である.

· 放電されている場合

ワード線 W_i 側のデータ線 (静電容量 C_W) に充電されていた電荷の一部が空のコンデンサ C に移るので,電荷の再配分が起こる.このため,データ線の電位は減少し,その変化 ΔV_{data} (放電) は

$$\Delta V_{data}(\text{放電}) = \frac{C_W}{C + C_W} V_{DD} - V_{DD} = -\left(\frac{C}{C + C_W}\right) V_{DD} \tag{5.2}$$

である.

一方,ダミーセル側のデータ線の電位の変化 ΔV_{data}^* は,$C_d = C/2$ の場合,上式の結果から,

$$\Delta V_{data}^* = \left(\frac{C_d}{C_d + C_W}\right) V_{DD} = \left(\frac{\frac{1}{2}C}{\frac{1}{2}C + C_W}\right) = -\left(\frac{C}{C + 2C_W}\right) \tag{5.3}$$

である.ここで,C_W は C 比べて大きい ($C_W \gg C$) ため,

$$\Delta V_{data}^* \simeq \frac{1}{2} \Delta V_{data}(\text{放電}) \tag{5.4}$$

となる.したがって,$\Delta V_{data}(\text{充電}) > \Delta V_{data}^* > \Delta V_{data}(\text{放電})$ の関係となる.

これより,ダミーセル側のデータ線の電位に対して,これよりもメモリセル側のデータ線の電位が高いか低いかを各センスアンプで検出することにより,ワード線 W_i に接続された各メモリセルのデータ ("1" か "0" か) を読み出すことが可能となる.そして,読み出されたすべてのセンスアンプのデータ群の中から,SRAM のときと同様に,列アドレスデコーダによって対応するデータを選択し,チップの信号ピンに出力する.

コンデンサ C が放電されていた場合は，読み出しによって C に電荷が再配分されてしまい，充電されてしまう．これを，**破壊読み出し**とよぶ．このため，読み出し前に放電されていたコンデンサ C は再度放電しなければならない．通常，この修復はセンスアンプによって行われる．センスアンプ回路は，ラッチ回路と同様な回路から構成されていて，コンデンサ C が放電状態だった場合，そのデータ線を $0\,[\mathrm{V}]$ にセットする．これにより，コンデンサ C は再度放電状態となり，破壊された値を修復することができる．

メモリセルへのデータの書き込みは，読み出しとほぼ同じ処理で実行できる．まず，読み出し処理と同様に手順①を行い，その後書き込みたいメモリセルが接続されたセンスアンプのデータ線のみに強制的に書き込む値（電圧）をセットする（左側のデータ線が High なら右側のデータ線は Low，またはその逆）．そして，この状態で②を実行することで，書き込みたいメモリセルのコンデンサ C を強制的に充電/放電（データの書き込み）することができる．一方，ワード線に W_i に接続されたその他のメモリセル（データ書き込みを行わないメモリセル）については，読み出しと同じ動作（③に示した動作）が行われ，破壊読み出しが行われても修復され，記憶しているデータはそのまま保持される．

なお，図 5.16 に示すように，センスアンプ回路を中心にデータ線とワード線が左右対称に配置された構成を**オープンビットライン方式**とよぶ（ほかに，非対称な**フォー**

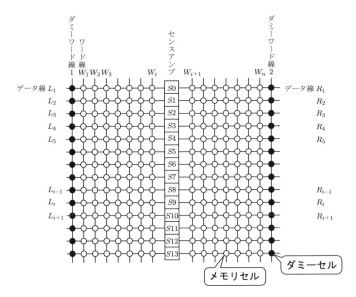

図 5.17 メモリセルの配置（オープンビットライン方式）

ルデッドビットライン方式がある）．図 5.17 にオープンビットライン方式の回路配置を示す．図 5.16 に示した一つのセンスアンプ回路を中心としたデータ線とワード線の構成が，縦方向に繰り返し配置された構成である．

5.6.3 リフレッシュ動作

メモリセルのコンデンサ C に蓄えられた電荷は，トランジスタがオフであっても自然放電により減少してしまう．このため，DRAM の通電中は定期的にコンデンサ C の電荷を回復させる動作が必要となる．これを**リフレッシュ動作**とよぶ．リフレッシュ動作は，上述したプリチャージを含めたデータ読み出し動作を行うことで実現することができる．DRAM では，通電中はリフレッシュ動作が必要となる．

5.6.4 集積回路の構成

図 5.18 に DRAM の全体構成概略を示す．ここでは，わかりやすくするために，センスアンプ回路の一方にのみデータ線が接続され，もう一方には比較用の容量 $C_d + C_W$ が接続された図を示している．実際には前述したように，$C_d + C_W$ はセンスアンプを挟んで反対側のデータ線の容量とダミーセルの容量を用いることで実現している．

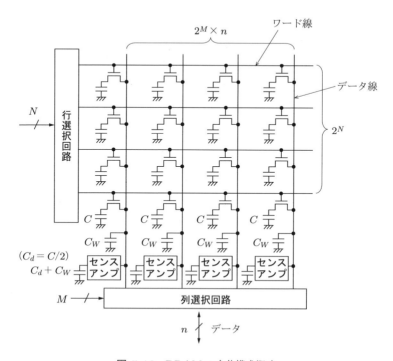

図 **5.18** DRAM の全体構成概略

5.6 DRAM 集積回路

図 5.18 は図 5.13 に示す SRAM と基本的に同じ構成で，メモリセルが大規模集積されたメモリセルマットが中心となり，全体が構成されている．アドレス信号数（ピン数）が $N+M$ で，データ信号数（ピン数）が n である場合，アドレス数は 2^{N+M} であり，メモリの容量は $2^{N+M} \times n$ ビットである．行選択回路は，$N+M$ ビットのアドレス信号のうちの N ビットをデコードすることにより，2^N 本のワード線の中から 1 本を選択する（1 本の電位を High とする）回路である．そして，残りのアドレス信号 M ビットを用いて，データ線 $2^M \times n$ の中から n ビットのデータを選択する．

図 **5.19** に DRAM メモリ集積回路チップを実装したパッケージ例の上面図を示す．DRAM は集積度が高いため，アドレスのピン数が多くなる．このため DRAM では，アドレスピン数を低減するために，アドレスを時分割で指定することが一般的である．図中の制御信号ピン $\overline{\text{RAS}}$ と $\overline{\text{CAS}}$ は，それぞれ**行アドレス選択信号**（row address strobe），**列アドレス選択信号**（column address strobe）であり，これによりアドレスを時分割で指定する．

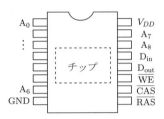

図 5.19 DRAM パッケージの概観例（上面）

制御信号 $\overline{\text{RAS}}$ と $\overline{\text{CAS}}$ の与え方を，"読み出し" を例に図 5.20 を用いて説明しよう．図 **5.20** は**タイミングチャート**とよばれ，時間の流れに沿った各信号の値（High と Low）の変化と，それらの各信号間での前後関係を表す図である．

図中の "アドレス信号" は，複数のアドレス信号（図 5.19 の $A_0 \sim A_8$ に与える値）の変化をまとめて示しており，"行アドレス" と "列アドレス" を時分割で与えている．まず，アドレス信号に行アドレス値が与えられ，その後，"$\overline{\text{RAS}}$ 信号" が有効となり（図 5.19 の $\overline{\text{RAS}}$ ピンを Low にセットする），ワード線のうちの一つが選択される．つぎに，アドレス信号に列アドレス値が与えられ，その後，"$\overline{\text{CAS}}$ 信号" が有効となり（図 5.19 の $\overline{\text{CAS}}$ ピンを Low にセットする），データ線のうちの一つが選択される．そしてその後，データ（記憶値）が "データ信号" として読み出される（図 5.19 の D_{out} ピンにデータが出力される）．

このように，制御信号 $\overline{\text{RAS}}$ と $\overline{\text{CAS}}$ を用いることで，アドレスピン数をアドレス信号数の半分に低減している．なお，図 5.20 に示すように，データは，$\overline{\text{CAS}}$ 信号を有効

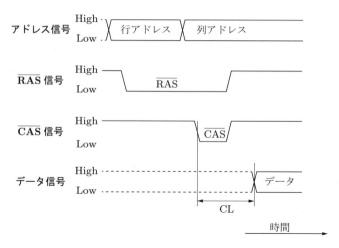

図 5.20　DRAM の基本的なタイミングチャート（読み出し）

にした後に遅れてデータ信号線に出力される．この遅れ時間は **CAS Latency**（CL と略す）とよばれ，DRAM の大切な性能指標の一つである（CL が短いほど，高速な読み出しが可能となる）．

5.6.5　メモリセルの構造

図 5.21 に DRAM のメモリセルの構造を示す．すでに 2 章において集積回路におけるnMOSトランジスタの基本構造について説明したが，このトランジスタにコンデンサを接続した構造（図 5.15）の断面図である．

集積度が低い（1M ビット以下）初期の頃は，図 (a) に示すように，トランジスタ

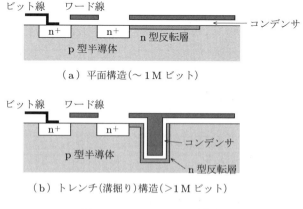

図 5.21　DRAM セルの構造

に平面構造のコンデンサを接続していた．この構造では，p 型半導体表面に設けた n 型反転層を一方の電極とし，その上部の配線層に設けた金属をもう一方の金属電極としてコンデンサを形成している．簡単な平行平板構造でコンデンサを形成できることが特徴であるが，集積度を上げるためには，コンデンサの電極面積を小さくする必要がある．一方，コンデンサの電極面積を小さくすると蓄積電荷量が減少するため，信頼性の低下の原因となる．

そのため，高集積化につれて（1 M ビット以上），図 (b) に示すような**トレンチ**（溝掘り）構造が用いられるようになった．この構造はシリコン基板中に溝を掘り，溝の側面を用いて平行平板を構成している．この構造は平面構造に比べて構造が複雑になるが，半導体基板平面上でのコンデンサの投影面積を減少させつつ（集積度を向上しつつ），十分な静電容量を保つことができる．

例題 5.3 データ幅が 4 ビットである 1 G ビットの DRAM のアドレスピン数を求めなさい．なお，$\overline{\text{RAS}}$ と $\overline{\text{CAS}}$ の制御信号によって，アドレスは半分ずつ時分割で指定するものとする．

解　答 1 G ビット/4 ビット $= 256\,\text{M} = 2^{28}$．よって，アドレスは 28 ビットである．これを $\overline{\text{RAS}}$ と $\overline{\text{CAS}}$ の制御信号で指定するため，必要なアドレスピン数は $28/2 = 14$ ピンである．

例題 5.4 DRAM の電極面積を小さくしつつ（集積度を上げつつ），その蓄積電荷量の減少を防ぐためには，どのような方法があるか述べなさい．

解　答 平行平板電極コンデンサの静電容量は $C = \varepsilon_0 \varepsilon_r A / d$ である（A：電極面積，d：電極の間隔，ε_0：真空の誘電率，ε_r：電極間の絶縁材料の比誘電率）．これより，

①電極間の間隔 d を短くすること

②比誘電率 ε_r の大きい絶縁材料を用いること

により A が小さくなっても C の減少を防ぐことができる．よって，電圧が同じであった場合の蓄積電荷の減少を防ぐことができる．しかし，間隔 d を短くすることは，製造上の難しさや絶縁破壊などの信頼性の低下を伴う．また，比誘電率 ε_r の大きい絶縁材料を用いることも製造上の難しさやその開発が必要となる．

5.7 フラッシュメモリ集積回路

5.7.1 メモリセルの構造と動作

フラッシュメモリ (flash memory)*1 は，代表的な不揮発性メモリ集積回路の一つであり，近年，ディジタル電子機器のデータストレージなどに広く用いられている．しかし，そのメモリセルの構造（1ビットの記憶構造）は，従来から用いられている **EEPROM** (electrically erasable and programmable read only memory) と基本的に同じである．このメモリセルを用いて，大容量のデータを一括処理できるような回路構成を実現したものがフラッシュメモリである．

ここではまず，そのメモリセルの構造を示し，データ書き込み/読み出しの原理を解説しよう（**図 5.22**）．メモリセルの構造は MOS トランジスタが基本となっており，そのゲート電極とシリコン基板表面の間に **浮遊ゲート**（フローティングゲート: floating gate）を設けていることが特徴である．このトランジスタは，**浮遊ゲートトランジスタ**（フローティングゲート・トランジスタ: floating gate transistor）とよばれる．この浮遊ゲートは絶縁体に挟まれていて電気的にどこにも接続されておらず，その名のとおり，宙に浮いた状態になっている．なお，従来のゲートを浮遊ゲートと区別して，

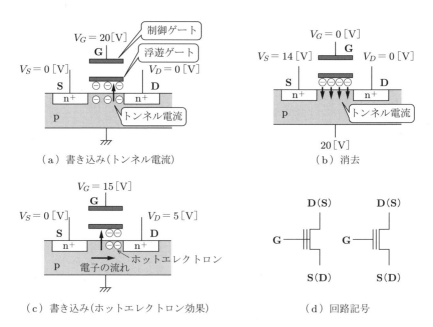

図 5.22 浮遊ゲートトランジスタと書き込み/消去

---

*1 flush memory と記載することもある．

制御ゲート（control gate）とよぶ．そして，この浮遊ゲートが帯電しているか否かで1ビットのデータ（1/0）を表現する．帯電している浮遊ゲートの電荷は，長い時間が経ってもほとんど放電することはない．これより，浮遊ゲートトランジスタは電源がオフになってもデータを保持することができ，不揮発性メモリを実現することができる．なお本書では，帯電している状態を"0"，帯電していない状態を"1"としている．

　浮遊ゲートに電荷を注入する方法（データの書き込み方法）の一つが，**トンネル電流**を用いる方法である．トンネル電流とは，非常に薄い絶縁膜を高エネルギーの荷電粒子が通り抜ける量子力学的な振舞いによる電流である．この方法では，図(a)に示すように，制御ゲートに高電圧を与えることで浮遊ゲートにも高電圧を与える（直列に接続したコンデンサの分圧の原理による）．これにより，チャネル領域に伝導電子が集中し，さらにトンネル電流によって伝導電子が浮遊ゲートに移動する．なお上述のとおり，このトンネル電流を利用するためには，浮遊ゲートとチャネルの間の絶縁体膜を薄くする必要がある．

　一方，データを消去するには，図(b)に示すように，書き込みとは逆に，チャネル側（シリコン基板側）を高電圧にする．これにより，浮遊ゲートにたまった電荷をトンネル電流によってチャネル側に移動させる（引き抜く）．

　なお，書き込み時に**ホットエレクトロン効果**を利用することもある．この方法では，図(c)に示すように，制御ゲートに高電圧を加えるだけでなく，ドレインにも電圧を加える．これにより，チャネルにドレイン電流が流れ，ドレイン近傍では加速されて高いエネルギーをもった電子（これをホットエレクトロンとよぶ）が発生する．この高エネルギーを利用して浮遊ゲートに電子を移動させる．ホットエレクトロンを利用することで高速にデータを書き込むことができるが，チャネル電流を発生させるため，消費電力が増加する．浮遊ゲートトランジスタの回路記号には，図(d)に示す記号が一般に用いられている．

　データの読み出し，すなわち浮遊ゲートが帯電しているか否かの検出は，ドレイン電流の有無によって行う．**図5.23**に示すように，ゲート（制御ゲート）とドレイン電極に通常の電圧を加える．ここで，浮遊ゲートが帯電していなければ（図(a)），制御ゲートに加えた電圧による電界はチャネル領域に加わり，nMOSトランジスタの動作原理によってトランジスタはオンになり，ドレイン電流が流れる．

　一方，浮遊ゲートが帯電している場合（図(b)），制御ゲートに加えた電圧による電界は，浮遊ゲートの電荷（電子）によって終端されるため，電界はチャネルに達しない．このためチャネル領域に伝導電子は集まらず，ドレイン電流は流れない．

　これらの動作をトランジスタのV_G-I_D特性曲線で見ると，**図5.24**のようになる．浮遊ゲートが帯電しているときのV_G-I_D特性曲線は，帯電していないときよりも高

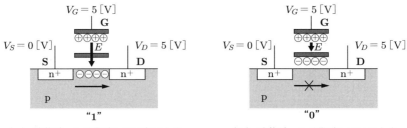

(a) 浮遊ゲートが帯電していないとき　　(b) 浮遊ゲートが帯電しているとき

図 5.23　浮遊ゲートトランジスタと読み出し

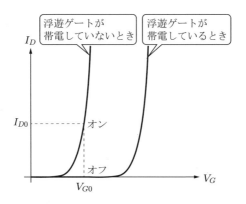

図 5.24　浮遊ゲートトランジスタのゲート電圧 V_G – ドレイン電流 I_D 特性

い電圧の方向へシフトする．これにより，制御ゲートに電圧 V_{G0} を加えた場合，浮遊ゲートが滞電してないときはトランジスタがオンとなりドレイン電流 I_{D0} が流れるが，帯電していないときはトランジスタはオフのままで，ドレイン電流は流れない．とくに，浮遊ゲートが滞電していない状態のときにトランジスタがデプレッション型（ノーマリオン型）であった場合，浮遊ゲートを滞電させることでエンハンスメント型（ノーマリオフ型）にすることができる．

5.7.2　集積回路の構成

フラッシュメモリの集積回路構成には，**NOR 型**と **NAND 型**が存在する．NAND 型はデータの一括消去ができることやデータの連続読み出しが速いことから，ディジタル AV 機器のメモリカードや USB メモリ，SSD (solid-state disk) などのファイルストレージに広く利用されている．ここでは，NAND 型のフラッシュメモリについて説明する．

NAND 型は，図 **5.25**（a）に示すとおり，ビット線に各メモリセルの浮遊ゲートトラ

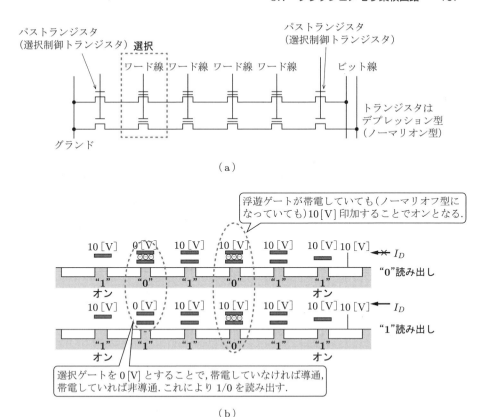

図 5.25 NAND 型フラッシュメモリの基本動作（読み出し）

ンジスタが直列に接続されている（これに対し，NOR 型はビット線に対してメモリセルの浮遊ゲートトランジスタが並列に接続されている）．NAND 型はトランジスタの配置が単純であるため，NOR 型に比べて実装密度を高めることが可能である．NAND 型フラッシュメモリがメモリカードや SSD などのファイル（大容量メモリ）に用いられるのはこのためである．

直列に接続されたメモリセル用の浮遊ゲートトランジスタの両端にはパストランジスタが接続されており，直列に接続された浮遊ゲートトランジスタ群は，パストランジスタを介してビット線（ドレイン）とグランド（ソース）に接続されている．なお，このパストランジスタは，図 5.25 (a) に示すように，ビット線ごとにビット線を浮遊ゲートトランジスタ群と接続するか否かを選択するトランジスタであり，選択制御トランジスタとよばれる．

・データの読み出し

図 5.25（b）にデータ読み出し時の基本動作例を示す．ここで，メモリセル用の浮遊ゲートトランジスタをデプレッション型（ノーマリオン型）とする．すなわち，浮遊ゲートが帯電していないときは，$V_G = 0\,[\mathrm{V}]$ でも I_D が流れる．読み出し時には，ビット線側とグランド側の選択制御トランジスタをオンにするとともに，選択しないメモリセルトランジスタのワード線の電圧を十分高い電圧（ここでは $10\,[\mathrm{V}]$）とする．これにより，選択しないメモリセル用トランジスタの浮遊ゲートが帯電していてもトランジスタをオンにすることができるので，選択するメモリセルトランジスタ以外のトランジスタをすべてオンにすることができる．

一方，選択するメモリセル用トランジスタのワード線の電位を $0\,[\mathrm{V}]$ とする．このとき，この選択したメモリセルトランジスタの浮遊ゲートが帯電していなければ，このトランジスタもオンとなる（ノーマリオン型であるため）．したがって，直列に接続されたすべてのトランジスタがオンとなるため，ビット線には電流 I_D が流れる．一方，選択したメモリセル用トランジスタの浮遊ゲートが帯電している場合，このトランジスタはオフとなり（ノーマリオフ型になったため），ビット線には電流 I_D が流れない．したがって，この状態でビット線に流れる電流をセンスアンプなどで検出することで，選択したメモリセルトランジスタのデータを読み出すことができる．

・データの書き込み

図 5.26 にデータ書き込み時の基本動作例を示す．まず，直列に接続されたメモリセル用トランジスタ群のデータの一括消去を行う．一括消去，すなわち浮遊ゲー

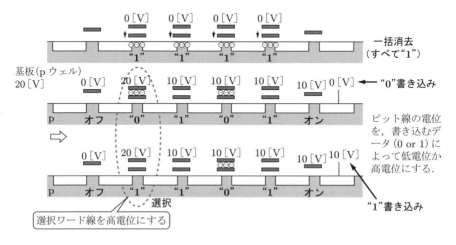

図 5.26　NAND 型フラッシュメモリの基本動作（書き込み）

トにたまった電荷を一括して引き抜く際は，基板の電位（メモリセルトランジスタ群のpウェル電位）を高電位（たとえば20[V]）にして，消去するメモリセルトランジスタのワード線を0[V]に設定する．これにより，トンネル電流によって浮遊ゲートにたまっている電荷を一括して引き抜く（データをすべて"1"とする）ことができる．

メモリセルトランジスタにデータを書き込む（浮遊ゲートに電荷を注入する）ときは，選択したメモリセル用トランジスタのワード線を，浮遊ゲートに電荷を注入できるだけの十分高い電位に設定する（ここでは20[V]）．そして，非選択メモリセル用トランジスタのワード線電位は，読み出し時と同様に，これらのトランジスタがオンになる電位（ここでは10[V]）に設定する．また，ビット線側の選択制御トランジスタをオンとして，グランド側の選択制御トランジスタをオフとする．この状態で，ビット線の電位を0[V]とすると，非選択メモリセル用トランジスタとビット線側の選択制御トランジスタはすべてオン状態にあるため，ビット線の電位（0[V]）が選択したメモリセルトランジスタに伝わる．これより，選択したメモリセルトランジスタの制御ゲート（ワード線）とドレインとの間には20[V]の電位差が発生し，浮遊ゲートに電荷が注入される．一方，ビット線電位を高電位（たとえば10[V]）にすると，選択したメモリセルトランジスタのドレインと制御ゲートの電位差は10[V]程度であり，浮遊ゲートには電荷は注入されない．

このように，選択したメモリセルトランジスタの制御ゲート電圧のみを浮遊ゲートに電荷が注入できるだけ十分に高くしておき，ビット線の電位を制御することで，データを書き込む（浮遊ゲートに電荷を注入するかを制御する）．

================ 演 習 問 題 ================

5.1 Dラッチの入力信号（ D 端子と G 端子への入力信号）が図 **5.27** のとき，出力信号（ Q

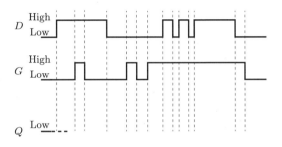

図 5.27

端子からの出力信号）はどのようになるか．そのタイミングチャートを完成させなさい．ただし，最初の出力は Low とする．

5.2 SR ラッチの入力信号（端子 $\overline{S}$ と端子 $\overline{R}$ への入力信号）が**図 5.28** のとき，出力信号（Q 端子からの出力信号）はどのようになるか．そのタイミングチャートを完成させなさい．

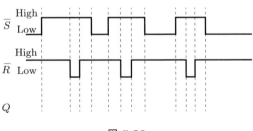

図 5.28

5.3 シフトレジスタは，**図 5.29**（a）のように，制御信号 G（通常はクロック信号）が一つ入力されるごとに一つずつデータをシフト（図では，右側にシフト）しながら転送するレジスタである．

シフトレジスタを図（b）に示すように 4 個の D ラッチをカスケード接続することで構成した．しかしこの回路には，制御信号 G の時間幅によっては正常に動作しないという問題点がある．この問題点は具体的にどのような現象か説明しなさい．また，その解決方法を述べなさい．

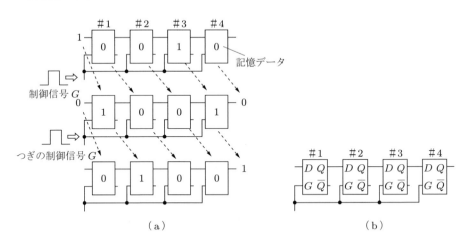

図 5.29

5.4 D フリップフロップを，図 5.5 に示す D ラッチを用いて構成しなさい．
5.5 チップサイズが 5 mm × 5 mm の 1 G ビット DRAM がある．チップ面積すべてがメモリセルマットと仮定すると，メモリセル一つの面積はどの程度になるか計算しなさい．

さらに，このメモリセルの面積がコンデンサ C（平行平板コンデンサ）の電極面積と等しいと仮定した場合，どの程度の静電容量となるか計算しなさい．なお，コンデンサ C の絶縁体膜厚を $t_d = 10\,\mathrm{nm}$ として，その比誘電率を $\varepsilon_{OX} = 4$（シリコン酸化膜）とする．真空の誘電率は $\varepsilon = 8.85 \times 10^{-12}\,\mathrm{F/m}$ である．

5.6 DRAM のメモリセルは，集積度とは関係なく，30 fF 程度の静電容量が必要とされている．この値を【演習問題 5.5】の結果と比較し，DRAM の技術課題とその解決策を述べなさい．

5.7 DRAM のメモリセルの静電容量を $C = 30\,\mathrm{fF}$ とした場合，1 ビットの情報は約何個の電子で蓄えられていることになるか計算しなさい．なお，コンデンサ C に印加する電圧を $V = 2.5\,\mathrm{V}$ とする．電子の電荷量（素電荷）は $1.6 \times 10^{-19}\,\mathrm{C}$ である．

5.8 DRAM メモリセル（図 5.15）のコンデンサ C の絶縁体膜には，最近では，シリコン酸化膜（SiO_2）ではなく，酸化タンタル（Ta_2O_5），酸化ハフニウム（HfO_2）などの絶縁膜が用いられている．その理由を述べなさい．

6章
集積回路の構造と製造技術

　集積回路は，トランジスタと配線を中心に構成される．本章でははじめに，トランジスタと配線の構造と材料について説明する．そして，これらを製造する技術（半導体製造プロセス）について説明する．

　半導体製造プロセスの発展によって，集積回路の集積度（集積回路チップに集積されるトランジスタの数）は飛躍的に向上している．集積回路を英語では **IC**（integrated circuits）というが，その集積度の向上に伴って，**LSI**（large scale integrated circuits），**VLSI**（very large scale integrated circuits），**ULSI**（ultra large scale integrated circuits）とよばれるようになった．一般に，集積されるトランジスタの数によって

　　　1,000（1 k）〜 100,000（100 k）トランジスタ：　　　　LSI
　　　100,000（100 k）〜 10,000,000（10 M）トランジスタ：VLSI
　　　10,000,000（10 M）トランジスタ以上：　　　　　　　ULSI

という目安がある．しかしこれらの目安にとらわれずに，大規模な集積回路を LSI，あるいは VLSI とよぶことが多い．以下本書では，LSI と表記することとする．

6.1　トランジスタの構造と回路の構造

6.1.1　MOS トランジスタの基本構造

　MOS トランジスタについては，その動作を説明するために，2 章においてその構造を模式的に示した（図 2.12）．本節では，集積回路として実際に製造される MOS トランジスタの構造について詳しく解説しよう．

　図 **6.1** に，集積回路として実現される nMOS トランジスタの基本構造を示す．すでに述べたように，pMOS トランジスタは nMOS トランジスタと n 型半導体と p 型半導体の構成が逆であるだけで，nMOS トランジスタと構造は同じである．図中の p 型シリコン基板の厚さは 0.5〜0.8 mm 程度であり，この基板は後に説明する**半導体ウェーハ**がもとになっている．トランジスタは，このシリコン基板の表面に製造される．

　トランジスタの製造は，はじめにシリコン基板表面に一様に**酸化膜**を形成することからスタートする．そして，この酸化膜を選択的に除去することで，**ゲート酸化膜**（図

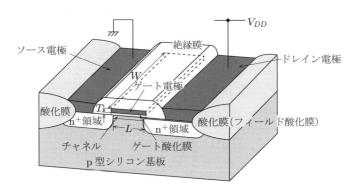

図 6.1　集積回路における nMOS トランジスタの構造

2.7，図 2.12 の絶縁体）が形成される．また，酸化膜は隣接したトランジスタとの分離（**素子分離**）にも用いられる（この酸化膜は**フィールド酸化膜**とよばれる[*1]．**n$^+$ 領域**は n 型半導体の領域であり，＋の記号は，より不純物が多い（ドナーの密度が高い）ことを示す[*2]．**ゲート電極**にはアルミニウム（Al）や**ポリシリコン**（多結晶シリコン）[*3]がその材料としてとして用いられる．ポリシリコンは抵抗値が Al よりも高いが，加工性がよく，ゲート酸化膜との接合性がよいため，Al よりも広く使用されている．二つの n$^+$ 領域には，それぞれ**金属膜**（Al 膜）が積層され，これらの金属膜が**ソース電極**，**ドレイン電極**となる．

　以上が基本的な nMOS トランジスタの構造であり，このトランジスタの上部に配線層と絶縁層を積層することで，トランジスタどうしや電源，グランドとの接続を行う．

6.1.2　CMOS 論理回路の基本構造

　CMOS 論理回路の基本構造として，NOT ゲート（図 3.1）の断面図を**図 6.2** に示す．この例では，n 型シリコン基板の上に pMOS トランジスタと nMOS トランジスタが形成されている．pMOS トランジスタは，n 型シリコン基板の表面に **p$^+$ 領域**を形成し，これらをソース領域とドレイン領域としている．一方，nMOS トランジスタは，n 型シリコン基板に p ウェルとよばれる p 型の領域を作成し，その領域の上に n$^+$ によるソース領域とドレイン領域を形成している．nMOS トランジスタのドレイン電極と pMOS トランジスタのドレイン電極は**コンタクトホール**とよばれる垂直方向の配線で上層に引き出され，上層の配線で接続されている．ソース電極もコンタクトホールで上層に引き出され，それぞれ電源（V_{DD}）とグランド（GND）に接続されている．

[*1] シリコン基板表面で，トランジスタなどの素子が形成される領域はアクティブ領域とよばれ，それ以外の領域はフィールド領域とよばれる．
[*2] 不純物（アクセプター）が多い p 型半導体領域は，p$^+$ と表記する．
[*3] 多結晶シリコンのみでは高抵抗であるため，高濃度に不純物を導入することで低抵抗化を図っている．

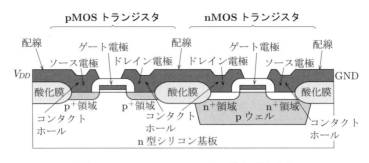

図 6.2 CMOS NOT ゲートの構造（断面図）

この NOT ゲートの上面図を**図 6.3** に示す．LSI の回路構造を上から見た 2 次元の配置図のことを，**レイアウト図**とよぶ．この図の 1 点鎖線（C–C′）での断面図が図 6.2 である．NOT ゲートの入力 V_{in} は，両トランジスタのゲート電極どうしを結ぶ配線である．出力 V_{out} は，ドレイン電極どうしを接続した配線から取り出される．なお，この図 6.3 には図 6.2 の酸化膜は記載されていない．

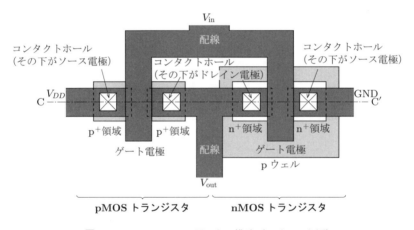

図 6.3 CMOS NOT ゲートの構造（レイアウト図）

CMOS 論理回路の構造は，図 6.2 や図 6.3 に示すとおり比較的単純である．しかしこの構造は，後述するバイポーラトランジスタに近い構造を一部に含んでしまうことがある．これを**寄生バイポーラトランジスタ**とよぶ．通常は，この寄生バイポーラトランジスタは動作しないが（悪影響を及ぼさないが），外界からの放射線の影響などで導通状態になることがあり，誤った電圧値が出力されることがある．この現象を**ラッチアップ**とよぶ．ラッチアップを防止するために，nMOS トランジスタと pMOS トランジスタの両方にウェルを設けるなどの構造が用いられている．

6.1.3 配線層の構造

トランジスタどうしの接続やトランジスタと電源やグランドとの接続は，図 6.4 に示すように，配線層の配線で行われる．配線の材料には，アルミニウム（Al）や銅（Cu）などが用いられる．トランジスタの集積度が上がり，配線数が増えると，ほかの配線とぶつかってしまい配線できない接続箇所が発生する．このため，集積度が向上するにつれて配線層の数は増していく（多層配線構造となる）．

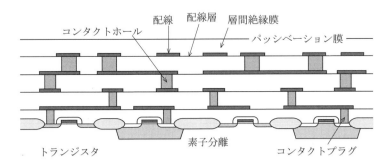

図 6.4　多層配線の概略

コンタクトプラグ，**コンタクトホール**は垂直方向の配線であり，トランジスタと配線層や配線層間の接続に用いられる．トランジスタが形成された基板表面と各配線層は層間絶縁膜によって絶縁されており，最上層には保護を兼ねた絶縁膜である**パッシベーション膜**が形成される．プロセッサなどの論理 LSI では回路どうしの接続数が非常に多く，配線層数も増加する．なお，このような**多層配線構造**は CMOS だけではなく，バイポーラトランジスタを用いた LSI においても同様である．

6.1.4 バイポーラトランジスタの基本構造

図 6.5 に，集積回路として実現される npn バイポーラトランジスタの基本構造を示す．pnp バイポーラトランジスタは，npn バイポーラトランジスタとは n 型半導体と p 型半導体の構成が逆であるだけで，npn バイポーラトランジスタと構造は同じである．

npn バイポーラトランジスタは，p 型シリコン基板の上に作成される．**p^+ アイソレーション領域**は，隣接トランジスタとの干渉を防ぐための領域である．コレクタ電極下の n^+ 領域と，これに接している n 領域，n^+ 領域（**埋め込み層**とよばれる）の三つの領域がコレクタである．埋め込み層は，コレクタ電流 I_C が流れる経路の電気抵抗を低減させるための高不純物領域である．

エミッタ電極下の n^+ 領域がエミッタであり，エミッタの n^+ 領域とコレクタの n

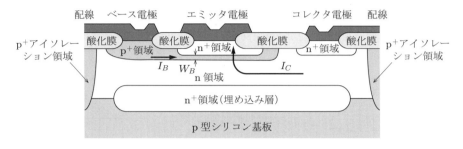

図 6.5 バイポーラトランジスタ（npn）の構造例（断面図）

領域に挟まれた薄い p^+ 領域がベースである．ベースの p^+ 領域はベース電極と接続されており，図に示す経路でベース電流 I_B が流れる．

MOS トランジスタではドレイン電流 I_D がシリコン基板表面のチャネル領域を流れるのに対して，バイポーラトランジスタでは，コレクタ電流 I_C はベース領域（p^+ 領域）を通過してエミッタ電極に向かい，基板表面とは垂直方向に流れる．この電流 I_C をベース電流 I_B で制御する（エミッタ電極下のベース幅 W_B[*1]は，わかりやすくするために幅をもたせて記載しているが，実際は拡散長程度の薄さである）．

このように，バイポーラトランジスタは深さ方向の構造を利用して電流を制御するため，MOS トランジスタに比べて構造が複雑になる．後述するように，半導体製造技術は2次元の転写技術であるため，バイポーラトランジスタのほうが MOS トランジスタに比べて，製造が難しい．

6.2 レイアウト（レイアウト図）

6.2.1 CMOS 論理回路

すでに NOT ゲートのレイアウト例を図 6.3 に示した．ここでは，2入力 NAND ゲートと2入力 NOR ゲートのレイアウト例を，それぞれ**図 6.6** と**図 6.7** に示す．両方のレイアウトとも，1本のゲート電極を pMOS トランジスタと nMOS トランジスタで共用している．これにより，2本のゲート電極で $V_{1\mathrm{in}}$ と $V_{2\mathrm{in}}$ を構成している．

そしてこの2本のゲート電極を中心に，回路図と同様に，二つの pMOS トランジスタを図の上部に，二つの nMOS トランジスタを図の下部に形成している．さらに，このトランジスタ配置を基本として，回路図と同様に，2入力 NAND ゲートでは pMOS トランジスタを並列接続し，nMOS トランジスタを直列接続している．逆に，2入力 NOR ゲートでは，pMOS トランジスタを直列接続し，nMOS トランジスタを並列接

[*1] 2.5.2 項で説明した"ベースの長さ"に対応する．

6.2 レイアウト（レイアウト図） 117

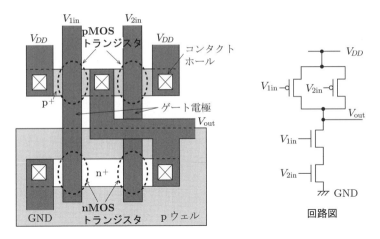

図 6.6　CMOS 2 入力 NAND ゲートのレイアウト

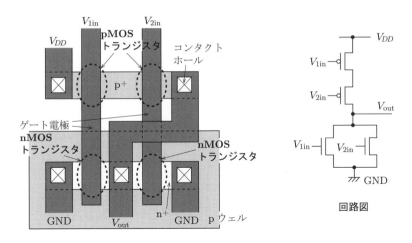

図 6.7　CMOS 2 入力 NOR ゲートのレイアウト

続している．

　なお，これらのレイアウトは一例である．配線が正しく接続されていて，後述するレイアウトルールを満たしていれば，さまざまなレイアウトが可能である．

例題 6.1　図 6.6 でもっとも上部（上層）の部分はどこか示しなさい．

解　答　出力 V_{out} の配線はゲート電極 V_{2in} の上にあり，もっとも上部（上層）に配置されている．

6.2.2 CMOS SRAM メモリセル

CMOS の SRAM メモリセルのレイアウト例を**図 6.8** に示す．図(a)中の中心線 C の左側の3個のトランジスタ $Q_{L1} \sim Q_{L3}$ と右側の3個トランジスタ $Q_{R1} \sim Q_{R3}$ を，レイアウト（図(b)）においても同様に，中心線 C の左右にそれぞれ配置している．また，図(b)の中心点 O（図中の×印）を中心として，点対象なレイアウトとなっている．Q_{L1} と Q_{L2}，Q_{R1} と Q_{R2} のゲート電極を共通化しており，回路図中のフィードバック配線 FL と FR は，レイアウト図では短い配線 FL と FR でそれぞれ実現して

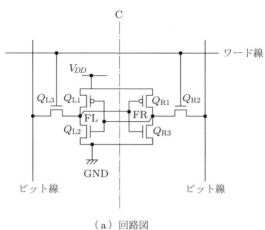

（a）回路図

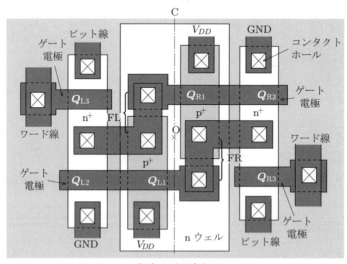

（b）レイアウト

図 6.8 CMOS SRAM メモリセルのレイアウト

いる．このように回路の対称性を活かし，配線の共通化を図ることで全体のレイアウト面積を小さくしている．

例題 6.2 図 6.8 の n ウェルの目的を述べなさい．

解 答 図の SRAM は p 型半導体基板に作成されており，pMOS トランジスタを作成するためには，その基板が n 型半導体である必要がある．このため，p 型半導体基板の一部を n 型半導体に変更するために n ウェルを形成している．

6.2.3 レイアウトルール（デザインルール）

レイアウトに基づいて実際に集積回路を製造する際，p 領域や n 領域，配線幅や配線間隔，コンタクトホールなどのレイアウトサイズが小さすぎると，レイアウトどおりの構造が実現できなくなる．これにより，トランジスタの動作不良や配線の断線，短絡といった製造不良が発生する．このため，レイアウトのパターン形状には一定の規則（制約）が設けられている．この規則は**レイアウトルール**，または**デザインルール**とよばれる．

レイアウトルールの例として，たとえば**図 6.9** に示すように，

① ゲート長
② ゲート間隔
③ コンタクトホールの 1 辺のサイズ
④ コンタクトホールと配線との余裕長さ
⑤ 配線の幅
⑥ 配線どうしの間隔

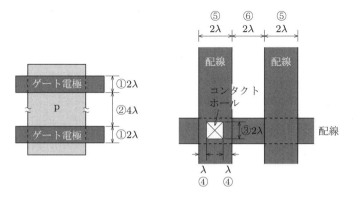

図 **6.9** レイアウトルールの例

などの最小サイズが定められている．ここで最小サイズは，0.1 μm といった実際の長さが与えられる場合もあるが，基準長 λ を用いて，その何倍かを示すことで最小サイズを表すことが多い．これは，**λ ルール**とよばれる．実際には，ゲート長を 2λ とし，この λ を基準とする方法が多く用いられる．これによりルール全体をわかりやすく表現でき，半導体製造技術が改良されて微細化が進んでも，λ を変更することでレイアウトルールを容易に更新することができる．

なお，実際のレイアウトルールの項目数は非常に多く，レイアウトパターンがルールに適合しているか否かのチェック（レイアウト検証）を人手で行うことは難しい．このため，専用の **CAD**（computer aided design）ツールを用いることが一般的である．

> **例題 6.3** 配線幅やコンタクトホールが小さい（細い）と，断線のほかにどのような問題が生じるか述べなさい．
>
> **解 答** 配線やコンタクトホールの電気抵抗が大きくなる．このため，4.2 節で説明した時定数が大きくなるので，信号の伝播遅延時間が長くなる（高速動作ができなくなる）．

6.3 製造技術（前工程）

6.3.1 製造プロセス

図 6.10 に集積回路における nMOS トランジスタの製造プロセスの概略を示す[*1]．実際の半導体製造プロセスは，デバイスの性能や信頼性を向上するために図 6.10 よりも工程数がはるかに多い．ここではその基本を説明するため，詳細な工程は割愛している．なお，これらの工程は**クリーンルーム**（clean room）とよばれる，きわめて防塵性が高い特殊な部屋（環境）の中で行われる．

以下，各プロセス（1）～（38）の概略を説明する．なお，各プロセスで用いられる主要な製造技術については，6.3.2 項で詳しく述べる．

（1）集積回路は，**ウェーハ**とよばれる直径 20 cm 以上で厚さ 0.5 mm～0.8 mm のシリコン基板（薄い円板）を用いて製造される．シリコン基板は**単結晶構造**（すべての原子の結晶軸がそろった構造）であり，ここでは p 型のシリコン基板を用いる．

（2）**熱酸化**によって，シリコン基板表面に酸化膜を形成する．この酸化膜は，トランジスタのゲート酸化膜となる．ゲート酸化膜には，ゲート電圧により非常に強い

[*1] この概略は nMOS トランジスタ単体の基本的な製造プロセスを示している（ソース・ドレインエクステンションやゲート側壁のスペーサ，バリア層形成といったトランジスタや配線の高性能化や高信頼性化技術については示していない）．また，トランジスタ間の分離領域（素子分離）の製造プロセスについては示していない．

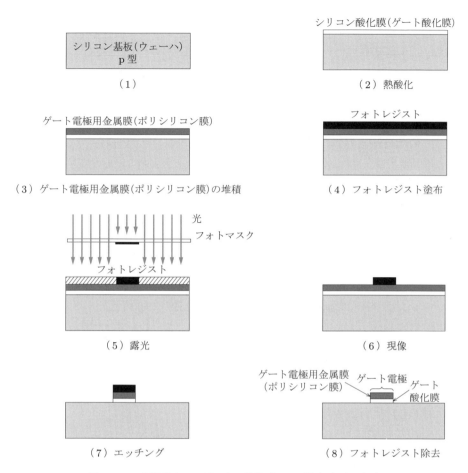

図 6.10 nMOSトランジスタの製造プロセス概略（1）〜（8）

電界が発生する．このため，高電界による絶縁破壊が発生しないように高品質な絶縁膜が必要となる．シリコンは，熱酸化により表面に薄くて緻密，かつ低不純物な酸化膜を形成できることができる．この高品質な絶縁膜が形成できることが，シリコンが集積回路用半導体材料として広く用いられる理由の一つとなっている．

（3）酸化膜の上に，トランジスタのゲート電極となる**金属膜**を**堆積**する．金属膜材料としては，Alや**ポリシリコン**が用いられる．最近はソース/ドレイン領域を作成する工程との関係から，ポリシリコンが主に用いられている．なお，ポリシリコンはその電気抵抗の値が大きいため，ポリシリコンの上にシリサイド（シリコンと高融点金属の複合材）を積層して抵抗値を下げる構造も用いられている．

（4）ゲート電極用金属膜の上に**フォトレジスト**を塗布する．フォトレジストは液状の感光性高分子（樹脂）材料であり，金属膜材料や絶縁膜材料などを選択的に除去するために用いられる．フォトレジストの塗布は，シリコン基板（シリコンウェーハ）を高速回転させ，これにフォトレジストを滴下することで行われる．

（5）**フォトマスク**を用いて，ゲート電極の形状をフォトレジスト上に**露光**する．フォトマスクは平坦度の高いガラス材の板であり，露光用の光の透過率が高く，かつ熱膨張が小さい材質で作成されている．フォトマスクの表面には，光を通さない膜（通常はクロム（Cr）の膜）によって露光パターン（この場合はゲート電極の形状）が描画されている．これにより，ゲート電極パターン以外のフォトレジスト部分が感光される．なおこの図では，わかりやすくするためにフォトマスクを通過した光を直接フォトレジストに当てているが（直接投影露光とよばれる），近年では，フォトマスクとフォトレジストの間にレンズを入れて露光する方法（縮小投影露光）が広く用いられている．

（6）現像液を用いてフォトレジストの感光した部分を溶解除去し，ゲート電極のパターンをフォトレジスト膜に**現像**（**転写**）する．

（7）転写されたフォトレジスト膜をマスクとして，フォトマスクに覆われていない部分の金属膜と酸化膜を除去する．この工程を**エッチング**（etching：食刻）とよぶ．

（8）フォトレジストを除去することで，nMOS トランジスタのゲート電極とゲート酸化膜が形成される．

（9）不純物原子（図の nMOS トランジスタの場合は，P や As など）をシリコン基板表面に打ち込む．打ち込みには**イオン注入法**が用いられる．ここで，ゲート電極部がマスクとなり（これをハードマスクとよぶ），ゲート電極直下には不純物は注入されず，その両側に不純物が注入され，n 型のソースとドレイン領域を形成する．このように，ゲート電極をマスクとして高精度にソース/ドレイン領域を形成する方法を**セルフアライン法**とよぶ．

（10）**絶縁膜**（酸化シリコンなど）を**堆積**する．なお，堆積したままでは表面の凹凸が大きいので，堆積後は，熱処理を行い，表面の凹凸をなだらかにする（図では平坦に記載している）．

（11）ここから，トランジスタのソース，ドレイン電極やトランジスタからの引き出し**配線**を形成する工程となる．はじめは，ゲート，ソース，ドレインからの垂直方向の引き出し配線の形成であり，ソースとドレインの電極となる**コンタクトプラグ**形成のため，（4）と同様にフォトレジスト膜を塗布する．

（12）コンタクトプラグ用のフォトマスクを用いて露光する．

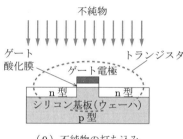
(9) 不純物の打ち込み

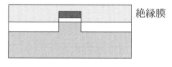
(10) 絶縁膜堆積

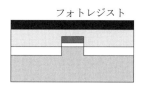
(11) フォトレジスト塗布

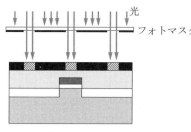
(12) 露光

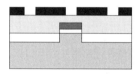
(13) 現像

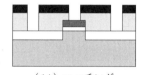
(14) エッチング

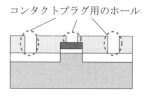
(15) フォトレジスト除去

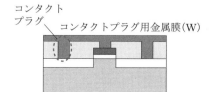
(16) コンタクトプラグ用金属膜の堆積(埋め込み)

図 6.10　続き (9)〜(16)

(13) 現像して，コンタクトプラグのホール（穴）パターン部のレジストを除去する（コンタクトプラグの穴のパターンを転写する）．
(14) 転写されたフォトレジスト膜をマスクとして絶縁膜をエッチングし，コンタクトプラグ用のホールを形成する．
(15) フォトレジストを除去する．
(16) コンタクトプラグ用の金属膜を堆積する．コンタクトプラグの金属膜の材料と

して，タングステン（W）が広く用いられている．W は抵抗値が高いため，電気的には W よりも抵抗値が低い Al や Cu などの金属（後述する配線用の材質）のほうが望ましい．しかし，W のほうがコンタクトプラグ用ホールへの充填性（すき間なくホールが埋まる性質）が高いことなどの理由で，W が用いられる．

(17) 金属膜を堆積した表面を研磨し，余分な金属を除去，平坦化することでコンタクトプラグの金属柱を形成する．
(18) 配線層（第 1 層）のための金属膜を堆積する．配線用金属膜の材料としては，Al や Cu が用いられる．
(19) 配線層用のフォトレジスト膜を塗布する．

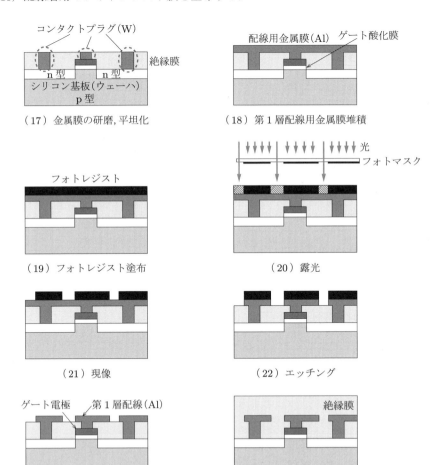

図 6.10 続き (17)〜(24)

(20) 配線層（第1層）用のフォトマスクを用いて露光する．
(21) 現像して，配線層（第1層）の配線ではない部分（配線間のスペース部）のフォトレジストを除去する（配線パターンを転写する）．
(22) 転写されたフォトレジスト膜をマスクとして金属膜をエッチングする．

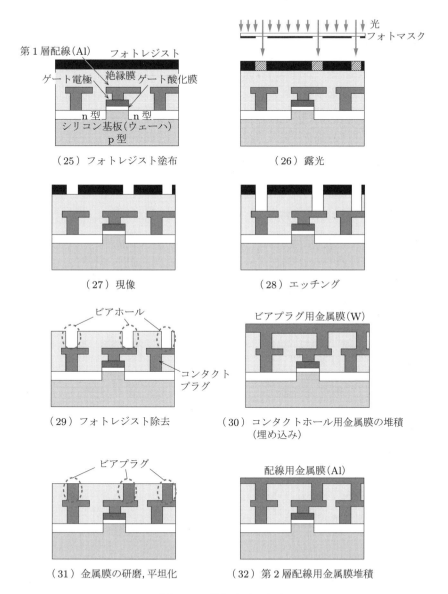

図 6.10 続き (25)〜(32)

(23) フォトレジストを除去することで，配線層（第1層）の配線が形成される．
(24) (10) と同様に，絶縁膜（酸化シリコン膜）を堆積する．この絶縁膜は，これから形成する配線（第2層）との間の絶縁層となる．
(25) **ビアプラグ**（第1層の配線と第2層の配線を接続する配線柱）形成用のフォトレジスト膜を塗布する．
(26) ビアプラグ用のフォトマスクを用いて露光する．
(27) **ビアホール**（ビアプラグ用の穴）パターン部のフォトレジストを除去する（ビアプラグの穴のパターンを転写する）．
(28) 転写されたフォトレジスト膜をマスクとして絶縁膜をエッチングし，ビアホールを形成する．
(29) フォトレジストを除去する．

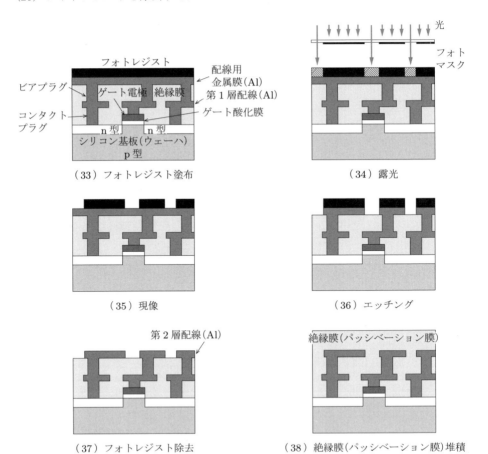

図 6.10 続き (33)〜(38)

(30)〜(37) それぞれ(16)〜(23)と同様に，ビアプラグ，および配線層（第2層）を形成する．

(38) 配線層（第2層）の上に外気との接触による水分の侵入や腐食を防止するための絶縁膜を堆積する．この保護膜のことを**パッシベーション**（passivation）**膜**とよぶ．なお，配線層と外部との信号の入出力や電源供給のためには，パッシベーション膜の一部をエッチングによって開口し，配線層の金属を露出することで外部と電気的に接続される．

以上が製造プロセスの概略である．なお，図 6.10 は 2 層配線の構造までの説明であるが，配線層は必要に応じて，さらに 3 層，4 層と同じプロセスを繰り返しながら積層される．とくにプロセッサなどの複雑な論理回路では配線数が多いため，10 層を超える配線層数が必要となる．

なお，トランジスタ形成まで（図 6.10 の (9) まで）のプロセスを**フロントエンド**とよび，その後の配線層の形成プロセス（(10)以降）を**バックエンド**とよぶことがある．フロントエンドは不純物の打ち込みなどの複雑な工程が含まれるが，バックエンドは配線層と絶縁層（絶縁膜）の積み上げの繰り返しとなる．熱処理温度の観点では，フロントエンドには 1000 °C 程度の高温の熱処理が含まれるが，バックエンドは高い場合でも 500 °C 以下の熱処理ですむ．プロセッサなどでは，全体の工程数の 7 割程度がバックエンドといわれている．

6.3.2 製造技術

ここでは，6.3.1 項の各プロセスにおける製造技術について詳しく説明する．

(1) シリコンウェーハ

シリコンウェーハは，厚さ 0.5〜0.8 mm，直径 20〜30 cm の単結晶シリコンの円板である．**図 6.11** に示すように，このウェーハ上に集積回路の設計・製造の単位であるチップ（LSI チップ）が複数個製造され，最後にチップごとに個別に切り離される．たとえば，プロセッサやメモリなどが LSI チップとして設計・製造される．LSI チップの大きさはさまざまであるが，後述する**歩留まり**の関係から，最大でも 1 辺が〜2 cm 程度である．

シリコン（Si）は地球上にもっとも多く存在する元素の一つであるが，自然界では単体で存在しない．多くは珪石として存在しており，その主成分は二酸化シリコン（SiO_2）である．シリコンウェーハの製造は，はじめに珪石を溶融し，これを還元して高純度の**多結晶シリコン**（原子の結晶軸の方向がそろっていないシリコンの結晶）をつくる

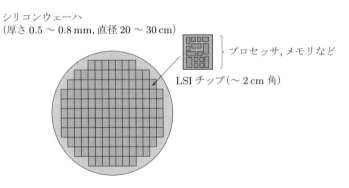

図 6.11　シリコンウェーハと LSI チップ

ことから始まる．多結晶シリコンの純度は 99.999999999％程度であり，"イレブンナイン"とよばれる．

　この多結晶シリコンから**単結晶シリコン**を製造する．その製造方法には，一般に Czochralski 法（**CZ 法**）が用いられる．CZ 法では，多結晶シリコンを坩堝に入れ，1500°C 程度の高温で溶融する．このとき，p 型または n 型の不純物（ドーパント）を加えて溶融する．そして図 6.12 に示すように，溶融したシリコンに種結晶とよばれる小さな単結晶シリコンを接触させ，種結晶を回転させながら引き上げていく．これにより，単結晶の結晶軸（結晶の方向）に沿って溶融シリコンの結晶軸が成長しながら固化していく．CZ 法では，図に示すように，種結晶に近い部分が円錐形となり，その後は円柱形になって単結晶が育成される．製造された，先が円錐形で胴体が円柱形のシリコン単結晶は，**インゴット**とよばれる．

　つぎに，シリコン単結晶のインゴットは，図 6.13 に示すようにワイヤーソー（糸鋸）で切断（スライス）され，シリコンウェーハが切り出される．シリコンウェーハの厚さは，この段階では 1 mm 程度であるが，この後，表面を研磨（ポリッシング）す

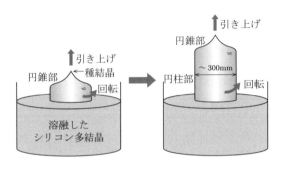

図 6.12　CZ 法によるシリコンインゴットの製造

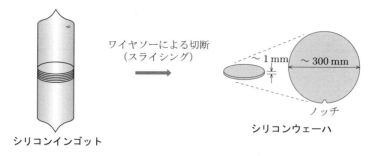

図 6.13 シリコンインゴットからのウェーハ加工

ることで，厚さは 0.5～0.8 mm 程度まで薄くなる．すでに説明したように，半導体集積回路はシリコンウェーハの表面領域に作成されるため，シリコンウェーハの厚さは 0.5～0.8 mm 程度あれば十分である．

シリコンウェーハが薄いほど，一つのインゴットから切り出されるウェーハ数が増える．これにより，半導体集積回路チップの価格を低減することができる．また，シリコンウェーハの大型化（大直径化）も進んでいる．大型化するほど 1 枚のシリコンウェーハから多くの LSI チップを切り出すことができるので，これも半導体集積回路チップの低価格につながる．

(2) フォトリソグラフィ

フォトリソグラフィ（photo-lithography）は，フォトマスク上のパターンをシリコンウェーハ上の金属膜や絶縁体膜に転写するプロセスであり，図 6.10 の

「フォトレジスト塗布」→「露光」→「現像」
　　→「エッチング」→「フォトレジスト除去」

の一連のプロセスに相当する．正確にはフォトリソグラフィとよぶが，単にリソグラフィともよばれる．

【フォトレジスト塗布】

スピンコータ（塗布装置）を用いたフォトレジスト塗布の概略を，**図 6.14** に示す．シリコンウェーハの表面（フォトレジスト塗布面）を上にして，裏側を回転駆動系に真空チャックなどで固定する．そして，シリコンウェーハを高速回転させながら，ノズルからフォトレジストを滴下する．滴下されたフォトレジストは遠心力で薄く引き延ばされ，均一な膜となって基板表面に広がる．塗布膜厚は 1 μm 程度であり，この厚さは，フォトレジストの粘度，スピンコータの回転数，回転時間によって制御する．

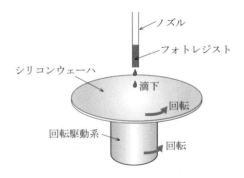

図 6.14 スピンコータ（塗布装置）によるレジスト塗布

【露光】

フォトマスクを用いた露光には，転写パターンと等寸のパターンが描かれたフォトマスクを用いてパターンを焼き付ける**直接投影露光**（コンタクト露光）と，転写パターンを n 倍に拡大したパターンを用いてパターンを焼き付ける**縮小投影露光**がある．図 6.10 では直接投影露光を示している．

直接投影露光は，フォトマスクをフォトレジスト塗布面に接触させて露光する方法である（接触後，わずかな間隔（ナローギャップ）をあけるプロキシミティ法もある）．フォトマスクにウェーハ上の複数チップ分のパターンを描画しておくことができるので，1 回の露光でウェーハ上のすべての LSI チップパターンを一括露光することができる．単純で低価格であるが，微細で高精度な露光が困難であり，かつ，フォトマスクに傷や汚れを発生させる可能性が高い．

縮小投影露光はレンズ（光学系）を介した投影法であり，その概略を図 6.15 に示す．フォトマスク（縮小投影露光では，**レティクル**とよぶ）を透過した光（紫外光）は，レンズ（光学系）で縮小され，ウェーハ上のフォトレジストに転写される．縮小投影露光は拡大パターンを縮小するため，微細パターンの正確な転写に適している．また，直接投影露光のような傷や汚れを発生させることもない．一方，縮小投影露光では，レティクルとウェーハを相対的に移動させながら一つの LSI チップパターンごとに逐次露光する必要がある（直接投影露光のような一括露光ができない）．このレティクルとウェーハを相対的に移動しながら露光する装置を，**ステッパ**とよぶ．

微細化が進むと，ウェーハ上のチップエリア領域の平坦度もその加工精度に大きく影響する．このため，現在では，ステッパでチップエリアを 1 回で露光するのではなく，レティクルのパターンの一部を部分露光しながらスキャンし，ウェーハをス

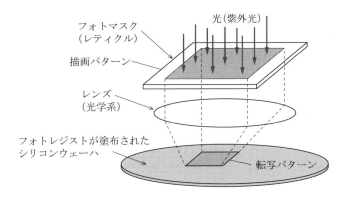

図 6.15　縮小投影露光の概略

キャンに同期しながら移動させる露光方法がとられている．この露光装置は**スキャナ**とよばれる．

露光に使用される光源は，トランジスタや配線のパターン寸法が 1 μm 以上では，波長 400 nm 程度の光が用いられていた．しかし，パターンの微細化のためには光源の波長を短くする必要があり，ステッパでは 300 nm 程度，さらにスキャナでは 200 nm 程度の紫外光が用いられている．

【現像】

露光後は現像液を用いてパターンの現像を行う．ここで，レジストには，感光した部分が除去される**ポジレジスト**と，感光しなかった部分が除去される**ネガレジスト**とがある．図 6.10 はポジレジストを示している．現像液は均一塗布のため，スピンコータと同様の仕組みでウェーハを回転させながら滴下する．

【エッチング】

エッチングは，フォトレジスト膜に転写されたパターンをマスクとして，さまざまな薄膜を加工する工程である．フォトレジスト膜に転写されたパターンと加工された薄膜との寸法差を小さくすることが重要となる．この寸法差は**寸法変換差**とよばれる．

エッチングには，**ウェットエッチング**と**ドライエッチング**の二つの方法がある．それぞれ液体と気体のエッチング用化学薬剤を使うので，このようによばれている．

ウェットエッチングは，それぞれの被加工薄膜に合った液体化学薬剤にウェーハを浸漬することで行われる．液体化学薬剤が入った薬液槽に複数枚のウェーハをまとめて浸漬することで一括エッチングが可能であり，安価なエッチング方法である．一方，加工精度が低いため，寸法変換差が大きい．このため，微細化が進むにつれ

て使用されなくなっている．

　ドライエッチングは，それぞれの被加工薄膜に合った気体化学薬剤（反応性プラズマガス）雰囲気中にウェーハを置くことで行われる．ドライエッチングでは，化学反応に加えて，化学薬剤の気体分子が被加工薄膜を物理的に削り取る反応（後述する**スパッタリング法**）を利用する方法もある．

　いずれのエッチング手法でも，被エッチング膜に合ったエッチング液やエッチングガスを用いる必要がある．ドライエッチングは，ウェットエッチングに比べて加工精度がはるかに高い．このため現在では，エッチングにはほとんどドライエッチングが用いられている．

【フォトレジスト除去】

　フォトレジストの除去は，レジスト剥離液の中に浸してレジストを除去するウェットな方法と，プラズマ雰囲気中でレジストを酸化させて除去するドライな方法がある．ドライな方法では，フォトレジストを燃焼して除去する．これを灰化（アッシング: ashing）とよぶ．

(3) 酸化

　図6.10（2）に示すシリコン酸化膜（ゲート酸化膜）の生成には，**熱酸化**による生成方法が主に用いられる．シリコンウェーハを，酸素ガスを基本としたガス雰囲気中で900℃以上の高温で熱処理することで，シリコン表面に良質なシリコン酸化膜（SiO_2膜）が形成される．この熱酸化処理を行う装置をシリコン熱酸化炉とよぶ．酸化膜の膜厚は，温度，酸化時間，そして，ガス雰囲気から決定される酸化成長モデル式に基づき制御される．

　式(2.16)，(2.18)に示すように，トランジスタのドレイン電流I_Dはトランジスタのゲート容量C_{OX}に比例する．したがって，ゲート酸化膜の膜厚tが薄いほど，I_Dを増加させることができる（トランジスタを高性能化できる）．そのため，より薄い酸化膜を高精度に生成する必要がある．

　一方，酸化膜厚が5 nm以下になると，ゲート電圧によって酸化膜内の電界が増加し，膜の劣化が加速する．劣化を防止して信頼性を向上するために，現在ではシリコン酸窒化膜（SiON膜）が利用されるようになってきている．シリコン酸窒化膜は，シリコン酸化膜の生成後に窒化性のガス雰囲気中で熱処理することによって生成される．

　また，膜厚を薄くせずにゲート容量C_{OX}を増加させるには，絶縁体（酸化膜）の誘電率ε（kとも記載する）を増加させればよい．このために，高誘電率の絶縁材料（High-k材料）をゲート絶縁体（絶縁膜）に用いる開発も進んでいる．また，微細化

技術の向上とともにリーク電流（4.4 節）の増加が深刻になっており，表 4.2 に示す I_{gate} 低減のためにも High-k 材料の開発は重要である．

(4) 成膜

金属薄膜や絶縁体薄膜の形成（成膜）には，**CVD**（chemical vapor deposition）**法**，**PVD**（physical vapor deposition）**法**，**メッキ法**がある．

【CVD 法】

気相状態にある物質の化学反応やプラズマ反応によって生成された固体を堆積させて，薄膜を形成する方法である．たとえば SiO_2 膜の生成では，ウェーハを入れた反応炉の中に SiH_4（気体）と O_2（気体）を流入し，約 450 °C の高温で

$$SiH_4(気体) + O_2(気体) \rightarrow SiO_2(固体：堆積物) + 2H_2(気体)$$

の化学反応を起こさせ，SiO_2 をウェーハ表面に堆積させることで薄膜を形成する．$2H_2$（気体）は反応炉から排気する．

このように，高熱下での気体の化学反応から堆積物を生成する方法は熱 CVD 法とよばれる．プラズマ反応により生成する方法は，プラズマ CVD 法とよばれる．

【PVD 法】

CVD 法に対して，物理的に堆積物を生成する方法は，総称として PVD 法とよばれる．PVD 法は金属薄膜生成に用いられ，**真空蒸着法**や**スパッタリング法**などがある．真空蒸着法は現在は使用されなくなっており，スパッタリング法が中心である．

スパッタリング法の原理を図 **6.16** に示す．真空装置の中でシリコンウェーハとターゲットに電圧を印加し，ここにアルゴン（Ar）ガスを導入する．ターゲットとは，シリコンウェーハ上に堆積する物質のもとになる材料であり，たとえば，配線

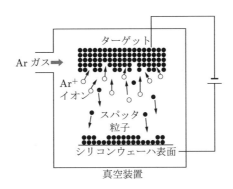

図 **6.16** スパッタリングの原理

用の金属の堆積であれば，ターゲットは Al などである．印加電圧によって Ar ガスはイオン化してプラズマ状態となり，高エネルギー状態となった Ar^+ イオンがターゲット（陰極）の原子に衝突することにより，ターゲットを削り取る．そして，削り取られたターゲットの粒子が，ウェーハ表面に堆積する．

図では直流電源を記載しているが，交流電源を用いる手法や，電圧の印加と同時に強力な磁界をかける手法などがある．

【メッキ法】

正確には電気メッキ（電解メッキ）法であり，食器や装飾品，自動車部品などさまざまな製品のメッキに利用されている[*1]．メッキ法は銅（Cu）のように CVD 法やスパッタリング法による成膜が難しい金属に用いられている．

図 6.17 に，Cu によるメッキの原理を示す．硫酸銅（$CuSO_4$）を主体とする電解液中にウェーハを浸漬し，ウェーハと銅を電極として電流を流す．ウェーハ側を陰極にすることで，電解液中の Cu^{2+} イオンが電子（e^-）を受け取り，Cu となって析出し，ウェーハ表面に堆積する．

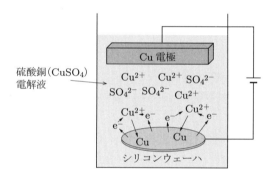

図 6.17　メッキ（電気メッキ）による成膜の原理

なお，微細化が進むにつれて配線の断面積は小さくなり，配線の電気抵抗値は増加する．この配線抵抗の増加は，集積回路の遅延時間の増加や消費電力増加の原因になるため，プロセッサなどの高速集積回路では，低抵抗金属による配線が必要である．このため，配線材料として，従来より使用されている Al だけではなく，抵抗値の低い **Cu 配線**が高速集積回路向けに用いられるようになった．Al は耐熱性が弱いため，Al 配線には大きな電流を流せない（回路を高速動作させることができない）．この点でも，Cu 配線は重要である．

[*1] CVD 法や PVD 法も広義のメッキ法と見なすことがある．

(5) 不純物導入 ――イオン注入――

p型半導体領域やn型半導体領域を形成するための不純物導入には，**不純物拡散法**と**イオン注入法**（イオン打ち込み法ともよぶ）がある．

不純物拡散法は，不純物を含む気体雰囲気中にシリコンウェーハを置き，高温状態にすることで熱エネルギーを得た不純物がシリコン表面から内部に拡散する現象を利用する．不純物拡散法は複雑な設備が不要である反面，濃度分布の高精度な制御が難しいことから，現在はイオン注入法が主流となっている．

イオン注入法は，イオン化した不純物に高電界をかけることで不純物イオンを加速し（高い運動エネルギーを与え），シリコン表面に打ち込む手法である．イオン注入法の原理を図 6.18 に示す．イオン源でイオン化したP$^+$，B$^+$ などの不純物を，イオン引き出し電極により不純物イオンビームとして取り出す．質量分離器では，電界と磁界を利用することで所望のイオンのみを選択して取り出す．加速管では，必要なエネルギーまでイオンビームを加速する．最後に，X–走査電極，Y–走査電極によってビームの方向を走査し，シリコンウェーハ上の所望の領域に不純物ビームを注入する（打ち込む）．イオン注入法は，不純物拡散法に比べて不純物の種類と量，濃度分布をはるかに高精度に制御することができる．

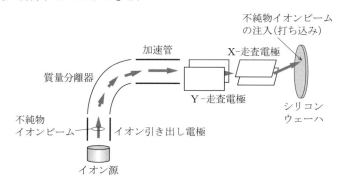

図 6.18 イオン注入法の原理

イオン注入により，イオンを注入されたシリコン領域は結晶にダメージを受けて結晶構造が破壊される．このため，イオン注入後は，熱処理によって結晶性を回復させることが必要となる．

(6) 平坦化

図 6.10 において，平坦化はビアプラグ（コンタクトプラグ）形成工程（(17)と(31)）のみに使用しているが，実際の集積回路製造では，これ以外にもさまざまな工程で使用されており，多層配線化が進んだ現在では，重要な技術となっている．平坦化に用

いられる **CMP**（chemical mechanical polishing: 化学的機械的研磨）**法**は，シリコンウェーハ表面を研磨パッドを用いて機械的に研磨する技術である．CMP法では，研磨パッドとシリコンウェーハの間にはスラリーとよばれる化学的研磨剤を流し，化学反応を利用しながら研磨する．

(7) 洗浄

図 6.10 の多くの工程で，ウェーハ表面に汚染パーティクル（粒子）が付着する．これはデバイス不良の原因となる．このため，プロセス途中でのウェーハの洗浄が必要となる（図 6.10 のプロセス概略では示していない）．洗浄は一般に，薬液中にウェーハを浸し，超音波振動加えるといった化学的，物理的な手法で行われる．洗浄後は乾燥させることが必要となり，洗浄と乾燥は一組になったプロセスである．

6.4 LSI チップの面積と歩留まり

LSI チップのサイズは約 1〜2 cm 角であり，シリコンウェーハ上に製造された LSI チップは図 6.11 で示したとおりウェーハから切り出された後，個別にパッケージングされる（パッケージングについては 7 章で解説する）．そしてパッケージングされたさまざまな LSI チップ，たとえばプロセッサチップやメモリ，演算専用 LSI チップを，**図 6.19**（a）で示すように基板（プリント基板など）に搭載し，基板上の配線で電気的に接続することでシステムを構成する．

ここで，図（a）のようにプロセッサやメモリ，演算専用 LSI チップに分けてパッケージングするよりは，図（b）に示すようにすべてを一つの大型 LSI チップにまとめてパッ

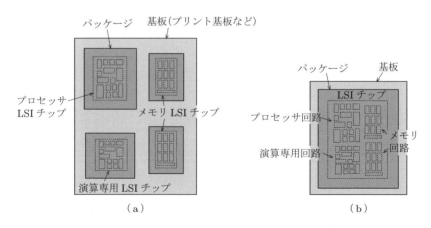

図 **6.19** LSI チップのパッケージングと実装

ケージングするほうが，システムの小型化が可能で製造工程数も少なくなる．このような利点があるにもかかわらず大型 LSI チップを用いない理由は，LSI チップの面積と**歩留まり**の関係にある．

歩留まりとは，個々の LSI チップが良品である割合，すなわち製造不良のない割合である．歩留まりは，LSI チップの面積が大きくなるにつれて，急激に低下する．歩留まりを評価するためにさまざまな歩留まり算出のモデルがすでに提案されているが，もっとも単純なモデルは，**ポアソン分布**に基づくモデルである．以下，一例として，ポアソン分布に基づくモデルを説明する．

LSI チップの製造不良には，トランジスタの動作不良や配線の短絡や開放などさまざまな種類があり，これらは異物やウェーハの結晶歪みなどが原因で生じる．そしてこれらのさまざまな不良が発生している箇所を**欠陥**とよぶ．ここで，シリコンウェーハ上の単位面積あたりに発生する欠陥の割合を欠陥密度 $D\,[\mathrm{cm}^{-2}]$ とする．欠陥密度 D は，ウェーハ 1 枚あたり，欠陥が平均で何個発生したかという実績値から算出される値である．一方，一般に欠陥はウェーハ上に一様に分布することはなく，部分部分に集中して発生する．このため，歩留まりを理論的に計算するには欠陥の分布を仮定する必要がある．

シリコンウェーハ上の欠陥分布モデルにはさまざまなものがあるが，基本的な分布モデルとしてポアソン分布を仮定した場合，LSI チップの面積を $A\,[\mathrm{cm}^2]$ として，LSI チップ一つの歩留まりは

$$Y = e^{-DA} \tag{6.1}$$

と計算される．

この式からわかるように，チップ面積 A が大きくなると，歩留まり Y は指数関数に従って減少する．この急激な歩留まり減少が理由で，チップ面積 A を大きくすること，すなわち大型 LSI を実現することが困難となっている．

例題 6.4 LSI チップの面積が $A = 1.0\,[\mathrm{cm}^2]$ の場合と $A = 4.0\,[\mathrm{cm}^2]$ の場合について，それぞれの歩留まりを式 (6.1) を用いて計算しなさい．なお，欠陥密度は $D = 1.0\,[\mathrm{cm}^{-2}]$（欠陥の数が 1 [cm^2] あたり平均 1 個）とする．

解　答　$A = 1.0\,[\mathrm{cm}^2]$ のときの歩留まりは，$Y = e^{-1.0 \times 1.0} = 0.37 = 37\,\%$ である．一方，チップ面積が 4 倍になった $A = 4.0\,[\mathrm{cm}^2]$ のときの歩留まりは，$Y = e^{-1.0 \times 4.0} = 0.018 = 1.8\,\%$ である．このように歩留まりは，LSI チップの面積が増加すると急激に減少する．このため LSI チップの面積は，現実的な歩留まりを実現できる範囲に抑えられている．

演 習 問 題

6.1 図 6.1 に示す酸化膜（フィールド酸化膜）は素子分離の役目を果たす．なぜ素子分離が必要なのか述べなさい．

6.2 バイポーラトランジスタの基本構造（図 2.20）は，MOS トランジスタの基本構造（図 2.7）と同様に単純である．しかし，実際にシリコン基板上に製造する際の構造は，図 6.5 に示すように，MOS トランジスタに比べて複雑である．その理由について述べなさい．

6.3 MOS トランジスタのゲート電極材料には，初期の頃はアルミニウム（Al）が用いられたが，現在では，その加工性やゲート酸化膜との整合性のよさから，高濃度に不純物を導入したポリシリコン（多結晶シリコン）が用いられるようになった．一方，ポリシリコンの電気抵抗は高く，トランジスタの高速化に影響を与えるため，その低抵抗化は重要である．ポリシリコンの抵抗値を低減するために，どのような技術が開発されたか調べ，説明しなさい．

6.4 「ムーアの法則（Moore's law）」とはどのような法則かを調べて説明しなさい．

6.5 「**SOI**（silicon on insulator）」とはどのような技術で，その目的は何かを調べて説明しなさい．

6.6 「ひずみトランジスタ」とはどのようなトランジスタで，どのような特長があるかを調べて説明しなさい．

6.7 マルチゲートトランジスタ，**FIN** トランジスタ（**FIN-FET**）とはどのようなトランジスタで，どのような特長があるかを調べて説明しなさい．

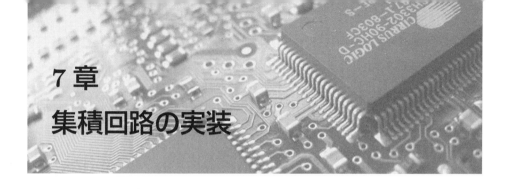

7章
集積回路の実装

前章では，集積回路（LSI）の構造と製造プロセスについて説明した．集積回路を実際の情報通信機器に適用するには，集積回路をパッケージに入れ，これをプリント基板などの基板上に搭載する必要がある．これらの工程が集積回路の**実装**である．高性能な集積回路も，実装技術が劣っていると十分な性能を引き出すことができない．本章では，プリント基板製造まで含めた実装技術について説明する．

7.1 実装技術の位置づけ

前章で述べた集積回路の製造プロセスによって，シリコンウェーハ上には100個以上のLSIチップが形成される．この後，個々のLSIチップはシリコンウェーハから切り出され，電子機器のハードウェアとして組み立てられる．切り出された後の個々のLSIチップを電子機器のハードウェアとして組み立てるまでの各工程が，実装技術の対象となる．

実装技術の位置づけを，**図7.1**に示す．シリコンウェーハ上のLSIチップは，個別

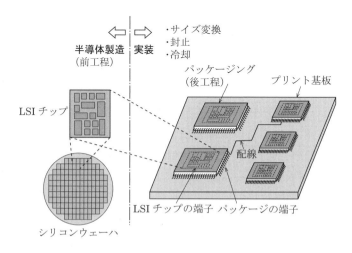

図 **7.1** 実装技術の位置づけ

検査の後に切り離され，検査に合格したものが**パッケージ**に入れられ，封止される．一般に，半導体製造技術によりシリコンウェーハ上にLSIチップを製造するまでの工程を**前工程**とよび，その後，LSIチップをシリコンウェーハから切り出し，パッケージングするまでの工程を**後工程**とよぶ．パッケージングにより，LSIチップ上の接続用電極端子（信号や電源接続用の金属端子）はパッケージの電極端子に引き出される．なお，パッケージングされたLSIチップを，以降，LSIとよぶ．

図7.1に示すように，パッケージング（後工程）後のLSIは**プリント基板**に搭載され（アセンブルされ），プリント基板上の配線によって電気的に接続されることでハードウェアの基本が完成する．

そもそもシリコンウェーハ上に製造したLSIチップを切り離し，プリント基板上でこれらを電気的に再度接続するのは非効率であり，最初から十分大きなLSIチップをウェーハ上で製造しておけばよいと考えられる．しかし，すでに6章で述べたように，LSIチップの面積が増加するとLSIチップの**歩留まり**が急激に低下する．このため，LSIチップのサイズは1〜2cm角に制限せざるを得ない．このため，一見すると二度手間のような，LSIチップの切り離しとプリント基板上での再接続という実装構造が用いられる．

実装技術は，ハードウェアシステムの性能を決めるうえで，半導体製造技術と同様に重要である．最先端の半導体製造技術で製造されたLISチップも，実装技術が劣っていればその性能を十分に発揮できなくなる．実装の目的と課題として，以下の3点が挙げられる．

(1) サイズ変換 —ピン取り出し—

半導体製造プロセスは微細化が進み，LSIチップ内の素子や配線のサイズは数十nm以下の領域に達している．一方，人間が利用する電子機器のサイズはmmからcmのオーダである．このnmからmm，cmへのサイズ変換が，実装技術の目的の一つである．

サイズ変換では，さまざまな技術課題が発生する．その一つがLSIチップの電極端子数（ピン数）の制限である（いわゆる**ピンネック**の問題である）．LSIチップの内部には10億個以上ものトランジスタを集積することができる．したがって，LSIチップの外との入出力信号のやり取りや電源供給のためには，LSIチップに多数の入出力信号端子や電源端子が必要となる．このため，サイズ変換を実現し，かつ，多数の入出力信号端子と電源端子を取り出せるパッケージが必要となる．さらに，多数の入出力信号端子をもつパッケージを搭載でき，高密度な配線接続を実現できるプリント基板が必要となる．

また，nm から mm, cm へのサイズ変換により，電気特性は大きく変化する．LSI チップ内の回路や配線の寄生静電容量（寄生キャパシタンス）は fF 程度であるのに対し，パッケージやプリント基板配線などの寄生静電容量は pF 程度になる．また配線長も，LSI 内部では長くても数 mm であるが，プリント基板上では，長い場合は数 cm 以上になる．寄生静電容量や配線長の増加は，信号遅延時間の増加に直接結びつくため，動作速度の低下を招く．このため，低寄生静電容量で，かつ，短い配線長を実現できるパッケージやプリント基板が必要となる．

さらに，GHz 級の動作速度が要求される情報通信機器においては，実装技術がディジタル信号の品質（SI: signal integrity）や電源電圧の安定供給（PI: power integrity），電磁両立性[*1]（EMC: electromagnetic compatibility）と密接に関係する．

(2) 冷却

ディジタル情報通信機器の高速化に伴い，LSI チップの発熱量は増加している．LIS チップの冷却（放熱）も実装技術の目的の一つである．冷却が不十分であると，発熱による温度上昇によりトランジスタが破損したり，寿命が低下する．トランジスタでもっとも高温になる箇所は，MOS トランジスタであればゲート電極下のチャネル形成部であり，バイポーラトランジスタであれば pn 接合部である．これらの温度は**チャネル温度，接合（ジャンクション）温度**とよばれ[*2]，通常，100°C 以下に抑える必要がある．発熱量に対して，チャネル温度や接合温度を 100°C 以下に抑える冷却設計が必要であり，発熱量が増すほど冷却設計は難しくなる．

バイポーラトランジスタによる高速計算機用 LSI チップの発熱密度は，1980 年代にすでに数十 W/cm^2 に達しており，空冷フィンを取り付けたパッケージに電動ファンを用いて強制的に風を当てて冷却する**強制空冷方式**が用いられた．さらに，水冷のための流水経路を設けたパッケージを用いた**水冷方式**や，パッケージ自体を冷媒に浸漬する方式などの冷却実装方式が開発された．バイポーラトランジスタを用いた超高速ディジタル LSI では，このような冷却技術の複雑さやコストアップが要因の一つとなり，現在は MOS トランジスタが主流となっている．

MOS トランジスタを用いた CMOS 論理回路は，バイポーラトランジスタを用いた論理回路よりもはるかに発熱量が小さいため，初期の頃は特別な空冷設計は不要であった．しかし，CMOS 論理回路の発熱量は動作周波数に比例して増加し，さらに半導体集積化技術の進歩により LSI チップ内のトランジスタ数が増加している．また，リー

[*1] 電磁波の放射を抑えて，ほかの電子機器に影響を与えないように設計すること．また，ほかの機器からの電磁放射による影響を受けないように設計すること．
[*2] これらの温度をもってトランジスタ温度（素子温度）とすることが多い．

ク電流による静的な消費電力も増加している．このため，サーバや高性能パソコンでは空冷フィンと電動ファンを用いた強制空冷技術が不可欠になっている．低電力化回路技術などにより LSI チップの低消費電力化は進んでいるが，今後も効率的な冷却技術の開発が課題となる．

(3) 封止

　LSI チップを封止することで，手で触れるといった外力や外界からのゴミや水分，光，放射線などから LSI チップを保護することも実装技術（実装技術のなかのパッケージ技術）の目的である．LSI チップの封止方法には，**エポキシ樹脂**などで周囲を包んでしまう方法や，不活性ガスを充填した**セラミック**のパッケージの中に入れる方法などがある．封止技術では，信頼性の高い封止を長期間実現することが課題となる．

例題 7.1 消費電力が 50 [W] で大きさが 1.5 [cm] × 1.5 [cm] の LSI チップと，消費電力が 1500 [W] で直径 30 [cm] のホットプレート（料理などで用いられる）の発熱密度（W/cm²）を計算し，発熱量を比較しなさい．なお，両者とも厚さは薄いものとして，側面からの放熱は無視し，表裏面からのみ放熱するものとする．

解答 LSI チップの発熱密度：

$$\frac{50\,[\text{W}]}{2 \times 1.5\,[\text{cm}] \times 1.5\,[\text{cm}]} = 11.1\,[\text{W/cm}^2]$$

ホットプレートの発熱密度：

$$\frac{1500\,[\text{W}]}{2 \times \pi \times 15\,[\text{cm}] \times 15\,[\text{cm}]} = 1.06\,[\text{W/cm}^2]$$

よって，単位面積あたりの発熱量は LSI チップのほうが 1 桁以上高い．

7.2 シリコンウェーハの検査とダイシング

　半導体製造工程（前工程）後，シリコンウェーハ上の各 LSI チップは，切り出す前に個別に検査される．これを**ウェーハ検査**とよぶ．図 7.2 に，ウェーハ検査の装置概略を示す．ウェーハ検査は，LSI チップごとに逐次的に行われる．LSI チップの電極端子（後述するボンディングパッドなど）に**プローブ針**を接触させ，この針を介して電源電圧を供給しながら検査信号を入力し，出力信号を観測する．

　ここで，電極端子の数や間隔は LSI ごとに異なるため，それぞれの LSI ごとに**プローブカード**とよばれるテスト用基板を作成する．プローブカードの中央には LSI チップ

7.2 シリコンウェーハの検査とダイシング

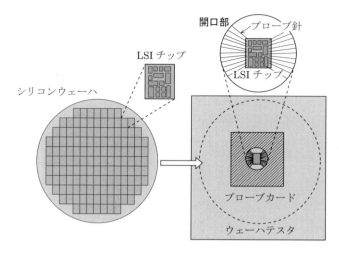

図 7.2 ウェーハ検査の装置概略

よりも一回り大きな開口部があり，そこに各 LSI に合った複数のプローブ針が装着されている．そして，このプローブカードを交換することで，1 台の**ウェーハテスタ**でさまざまな LSI のウェーハ検査を行うことができる．

検査後，シリコンウェーハ上の LSI チップは，高速に回転したダイヤモンド製のブレード（砥石の刃）を用いて，高圧で純水をかけながら切り離される（**図 7.3**）．この工程を"さいの目に切る"という意味で，**ダイシング**（dicing）とよぶ．なお，LSI チップのチップはダイ（die: さいの目に切ったもの，サイコロ）ともよばれる（die と dicing は関連語である）．純水をかけながらダイシングする理由は，ダイシングにより発生する摩擦熱を冷やすとともに，シリコンの切りくずを除去するためである．

なお，ダイシングの前に，シリコンウェーハの裏面を一様に研磨（grind）することで，

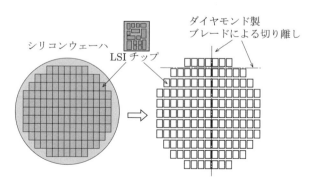

図 7.3 ダイシング

その厚さを 100〜200 μm まで薄くする．この工程を**バックグラインド**（back-grind）とよぶ．バックグラインドを行う理由は，前工程ではウェーハに機械的な強度が必要であるためウェーハには数百 μm の厚さが必要であったが，その後は薄いほうがパッケージも薄くなり，放熱の点でも有利なためである．なお，前工程においても研磨（CMP 法）を行ったが，同じ研磨でもその厚さが前工程と後工程ではまったく異なる（英語では，grind と polish の違いである）．

7.3 パッケージの基本構造

図 **7.4** に典型的なパッケージの例を示す．パッケージの 4 辺に金属ピン（**リード**）が設けられた構造であり，このリードによってプリント基板上の金属パッドにハンダ付けされる．このようなパッケージ構造は，**QFP**（quad flat package）とよばれる．

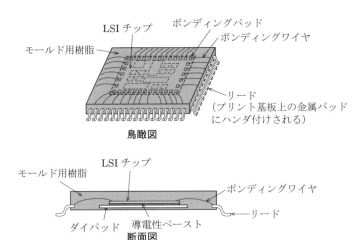

図 **7.4** パッケージの例（QFP）

LSI チップは，その裏面に**導電性ペースト**（導電性のある糊状の材料）を塗布することで，金属性の**ダイパッド**に接着される．導電性ペーストには，Ag（銀）ペーストなどが用いられる．あるいはチップ裏面とダイパッドの間に金の薄膜を挟み，金とシリコンの共晶をつくって接着することもある（共晶接着法）．この接着工程は**ダイボンディング**とよばれる．ダイパッドをグランドなどの基準電源に接続することで，LSI チップのシリコン基板自体を定電位に固定することができる．

LSI チップの周囲には入出力端子，電源供給用端子としての金属パッドが設けられており，この金属パッドを**ボンディングパッド**とよぶ．**ボンディングワイヤ**は，ボン

ディングパッドとパッケージのリードを接続する金属配線であり，通常は金（Au）の細線が用いられる．リードも金属であり，プリント基板上の金属パッドとハンダ付けされる．これにより，シリコンチップのボンディングパッドとプリント基板上の金属パッドが電気的に接続される．ボンディングワイヤでLSIチップのボンディングパッドとパッケージのリードを接続する工程は，**ワイヤボンディング**とよばれる．

ワイヤボンディングは，LSIチップを外部と電気的に接続する重要な技術である．しかし，ボンディングワイヤを一本一本逐次的に接続する技術であるため，時間がかかる．そのためパッケージによっては，テープに印刷された複数のリードを一括圧着する **TAB**（tape automated bonding）**法**が用いられることがある．

ダイボンディングとワイヤボンディング終了後，LSIチップとダイパッド，リードを金型の中に入れ，これに**モールド用樹脂**を流し込むことで固化して成型し，LSIチップを封止する．これでパッケージが終了する．この工程を**モールディング**（molding）とよぶ．

なお，図7.4はモールド用樹脂によるパッケージを示しているが，モールド用樹脂のほかに，**セラミック**を用いたパッケージも用いられる．セラミックの場合，すでにリードやボンディングパッドが形成されたセラミックパッケージにLSIチップのダイボンディングとワイヤボンディングを行い，不活性ガスを充填した後，セラミックや金属のキャップを溶接することでLSIチップを封止する．

7.4 パッケージの分類

基本的なパッケージの分類とその上面・側面図を図 7.5 と図 7.6 にそれぞれ示す．構造は大別して，**表面実装型**か**挿入実装型**に分けられる．そして，それぞれに1次元端子配列型と2次元端子配列型があり，合計4種類に分類される．表面実装型は，パッケージの電極端子（リードやハンダボール）をプリント基板の表面にハンダ付けする．一方，挿入実装型は，パッケージの電極端子（ピン）をプリント基板に挿入してハンダ付けする．

図 7.5　基本的なパッケージの分類

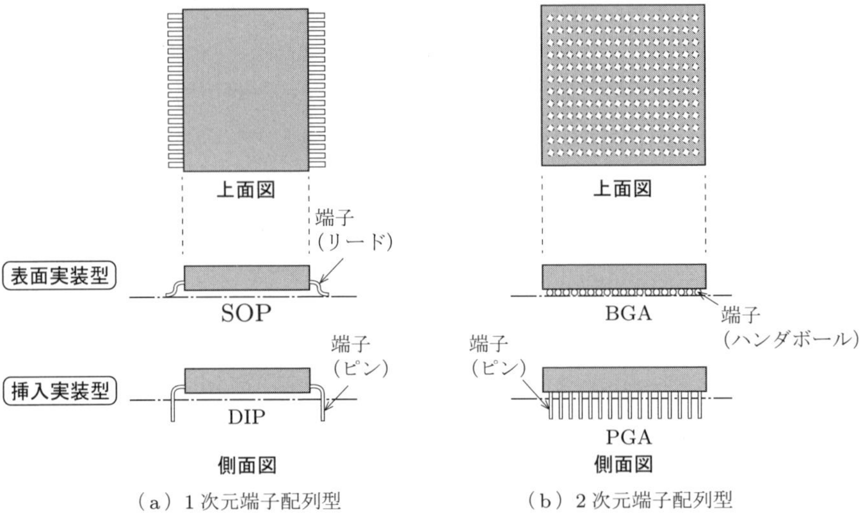

(a) 1次元端子配列型

(b) 2次元端子配列型

図 **7.6** 基本的なパッケージの上面・側面図

挿入実装型の場合，プリント基板にパッケージのピンを挿入するための穴をあける必要がある．この穴は**スルーホール**（through hole），または，**貫通ビアホール**（through via hole）とよばれる．このため，スルーホールが妨げとなってプリント基板内の配線を自由に引き回すことができなくなることや，配線の密度が低下するという問題が生じる．また，挿入実装の場合，プリント基板の両面（表と裏）にLSIを搭載することができない．さらに，スルーホール径が大きくなるため，パッケージの電極端子間隔（ピッチ）が広がり，パッケージから多数のピンを取り出せないという問題もある．このため，表面実装型のパッケージを用いた**表面実装方式**（**SMT**: surface mount technology）が主流になりつつある．

一方，挿入実装型の特長として，パッケージとプリント基板の間に**ソケット**（図中には示していない）を挿入することができることが挙げられる．ソケットはパッケージのピンをハンダ付けせずに抜き差しできる構造になっており，ソケットをプリント基板にハンダ付けすることで，パッケージを容易に着脱することが可能となる．

1次元端子配列型は，パッケージの"辺"を利用して電極端子（リードやピン）を取り出す構造であり，通常は2辺か4辺に電極端子が設けられる．図7.6（a）には2辺に電極端子を設ける1次元端子配列型の例を示しており，表面実装型は**SOP**（small outline package），挿入実装型は**DIP**（dual in-line package）とよばれる．一方，4辺に電極端子を設けた例が図7.4に示したQFPである．

2次元端子配列型は，パッケージの"面"を利用して電極端子（ハンダボールやピン）

を取り出す構造である．1次元端子配列型に比べて電極端子数を大幅に増やせることが特長である．挿入実装型の場合は，2次元端子配列型でも1次元端子配列型の場合と同様に，電極端子としてピンが用いられる．一方，表面実装型の場合は，端子として小さな球状のハンダ材（ハンダボール）が用いられる．図(b)の例では，表面実装型は **BGA**（ball grid array），挿入実装型は **PGA**（pin grid array）とよばれる．

BGAの構造例を図 7.7 に示す．BGA は図 7.4 の QFP と同じように，ワイヤボンディングで LSI チップのボンディングパッドとパッケージのハンダボールにつながる配線を電気的に接続している．一方，パッケージの電極端子にはハンダボールによる2次端子元配列を用いることで，多端子化を実現している．

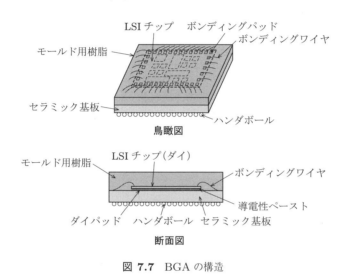

図 7.7 BGA の構造

例題 7.2 2[cm]×2[cm] の QFP（図 7.4）でリード間の間隔（ピッチ）が 0.5[mm] である場合，QFP から取り出せるピン数（リード数）は何ピンになるか計算しなさい．なお，QFP の1辺から取り出せるリード数は，1辺の長さ/リード間隔とみなしてよい．

解答
$$\frac{20\,[\mathrm{mm}]}{0.5\,[\mathrm{mm}]} \times 4\,[辺] = 160$$

よって，160 ピンである．

例題 7.3 2[cm]×2[cm] の BGA（図 7.7）でハンダボールの間隔（ピッチ）が 1.0[mm] である場合，BGA から取り出せるピン数（ハンダボール数）は何ピンになるか計算しなさい．なお，BGA のハンダボール面に設置できるハンダボール数は，面の面積/(ハンダボール間隔)^2 とみなしてよい．

解答 $\dfrac{20\,[\text{mm}] \times 20\,[\text{mm}]}{1\,[\text{mm}] \times 1\,[\text{mm}]} = 400$

よって，400 ピンである．

【例題 7.2】と比較して，QFP のリード間隔より BGA のハンダボール間隔のほうが広くても，BGA のほうが多くのピン数を取り出すことができることがわかる．ハンダボール間隔をさらに狭くすることで，さらに多くのピン数を取り出すことができる（後述するFBGA では，たとえばハンダボール間隔 0.5 [mm] を実現している）．

7.5 高密度パッケージと SiP

パッケージに十分な数の電極端子（ピンやリード，ハンダボール）がなければ，LSIチップに必要な入出力信号や電源を供給することができない．また，パッケージの面積が大きくなると，これを搭載するプリント基板の面積も大きくなってしまう．このため，多端子かつ小面積化を実現する高密度パッケージが開発されている．高密度パッケージは総称として **CSP**（chip size package あるいは chip scale package）とよばれる．CSP を複数個用いることで，システム全体をプリント基板上に高密度に実装できる．

一方，システムを構成する複数個の LSI チップを一つのパッケージにまとめて搭載することでも，システム全体を高密度に実装することができる．このような実装形態を，**SiP**（system in package）とよぶ．具体的なパッケージが，**MCP**（multi chip package）や **PoP**（package on package）である．

7.5.1 CSP

LSI チップとほぼ同等，あるいはわずかに大きなパッケージで多端子化を実現できるパッケージが **CSP** である．CSP を実現する代表的なパッケージ構造が，**FBGA**（fine BGA）である．FBGA の構造例を図 7.8 に示す．図 7.7 に示す BGA との違いは，LSI チップの電極端子もハンダボールを利用した 2 次元配列である点である．これにより，ワイヤボンディングよりも多数の電極端子を LSI チップから取り出すことができる．LSI チップは，電極端子のある回路面を下（フェイスダウン）にして実装される（ワイヤボンディングによる実装では，フェイスアップである）．ワイヤボンディングが不要なため，LSI チップの面積とほぼ同等なパッケージ面積を実現できる．

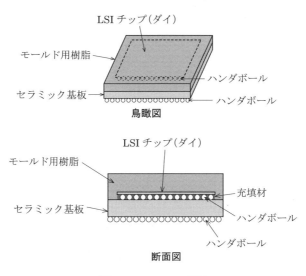

図 7.8 FBGA の構造

7.5.2 MCP と PoP

複数個の LSI チップをまとめて一つのパッケージに搭載する高密度パッケージを，**MCP** とよぶ．ここで図 **7.9** に示すように，複数の LSI チップを平面に並べて一つの基板（セラミック基板など）に搭載するパッケージは **MCM**（multi chip module）とよばれ，これも MCP の一つと分類できる．しかし一般に，MCP は図 **7.10** に示すように，複数個の LSI チップを積層したパッケージを指す．MCP を用いることで，パッケージの面積を増加させずに複数個の LSI チップを搭載できる．したがって，高密度な実装を実現できる．

一方，図 **7.11** に示すように，LSI チップを搭載したパッケージを積層したパッケージを **PoP**（package on package）とよぶ．PoP も MCP と同様に，パッケージ面積を増やすことなく複数個の LSI チップを実装できるため，高密度な実装が実現できる．

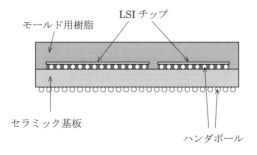

図 **7.9** MCM の例（断面図）

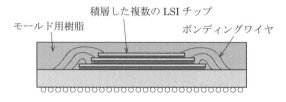

図 7.10　MCP の例（断面図）

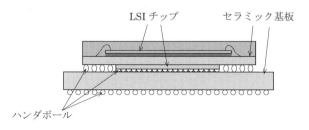

図 7.11　PoP の例（断面図）

7.6　TSV による LSI チップの積層技術（3次元 LSI チップ技術）

MCP や PoP は，積層された LSI チップの間で，パッケージを介して間接的に信号端子間を接続している．これに対して，図 7.12 に示すように，LSI チップの表裏面を貫通した縦方向配線である **TSV**（**貫通シリコンビア**: through silicon via）を用いることで，積層した LSI チップの信号端子間を直接接続することができる．

TSV の開口部分は，LSI チップ上のトランジスタと配線が配置できない領域とな

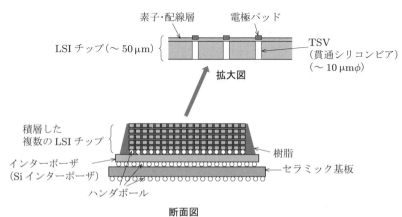

図 7.12　TSV を用いた LSI チップの積層実装例

る．このため，開口サイズは小さいことが望ましい．しかし，TSVの深さが深い（LSIチップが厚い）と，製造上小さな開口を形成することが困難となる．このため，LSIチップの厚さが約50μm程度になるまでチップの裏面を研磨（バックグラインド）し，これにより直径10μm程度のきわめて小さな開口サイズを実現している．LSIチップの厚さを50μm程度まで薄くするため，10枚のLSIチップを積層しても通常のパッケージに搭載するLSIチップ程度の厚みとなる．

このようにTSVを用いることで，複数の積層LSIチップはたがいに直接，信号端子を接続することが可能となる．TSVにより積層された複数のLSIチップは，一つのLSIチップと見なすことができる．TSVは，**3次元LSI**を実現する技術である．

なお，積層したLSIの最下層のLSIには非常に多くのハンダボールが必要となり，ハンダボールの間隔が狭くなる．このため，図7.8や図7.9に示すような，LSIチップをセラミック基板に直接搭載する構造が困難となる（セラミック基板では，積層LSIの高密度なハンダボールを受ける高密度なパッドを製造することが困難となる）．そこで，積層したLSIとセラミック基板の間にシリコンによる**インターポーザ**を挟み，インターポーザによってハンダボールの間隔を広げてから，積層したLSIをセラミック基板に搭載している（インターポーザ内部にもTSVの技術が用いられている）．

7.7 大型LSIチップとWSIによるシステム

大型LSIチップの歩留まりは急激に低下するが，冗長化設計[*1]やレーザ補修[*2]などの**欠陥救済技術**を用いることで，不良を回避することや不良となったチップを回復することができる．しかし，冗長化設計によって回路面積が増加するために思ったほどの高集積化が実現できない．また，欠陥救済のために製造工数と製造時間が増加する．このため大型LSIチップは，試作レベルでは作製は可能であるが，実用化は難しい．

究極の大型LSIチップはウェーハサイズのLSIであり，これは**WSI**（wafer scale integration）とよばれる．過去に，冗長化設計やレーザー補修などによる回路の故障・欠陥救済技術を用いたWSIの研究開発が行われた．また，耐故障性の高い非ノイマンアーキテクチャであるニューラルネットワークを集積化したWSIが研究開発されてきた．しかし，まだ量産化された事例はない．

[*1] 同じ回路を複数個（たとえば3重化）作成し，欠陥に対する耐性を上げる設計．
[*2] レーザを用いて，短絡した配線部を溶断する補修方法．

7.8 プリント基板

7.8.1 基本構造

プリント基板（printed circuit board）は，複数のLSIを搭載し，LSI相互の信号配線接続やLSIへの電源供給を行う基板であり，ほぼすべての電子機器に使用されている．プリント基板は，プリント回路基板ともよばれる．一方で，LSIなどの電子部品が搭載される前の基板を，プリント基板と区別して，プリント配線板（printed wiring board）とよぶこともあるが，ここでは電子部品の搭載の有無にかかわらず，プリント基板とよぶこととする．

プリント基板のサイズは，スーパーコンピュータやサーバ計算機などに用いられる1辺の長さが1m以上になる大きなものから，携帯情報端末などに用いられる1辺が数cmのもの，さらには1cmくらいの小さなものまで，対象とする情報通信機器のサイズに合わせてさまざまである．また，プリント基板には折り曲げられる柔軟なフレキシブルプリント基板もあるが，ここではフレキシブルプリント基板については取り上げず，もっとも広く使われている硬質な，いわゆるプリント基板について述べる．

図 7.13にもっとも単純なプリント基板である片面プリント基板の断面構造例を示す．コア（core）とよばれる絶縁材の片面に銅薄膜を貼り付けてあり，銅薄膜をエッチングすることで信号配線や電源/グランド配線を形成する．配線幅や配線間隔の微細化のレベルは，プリント基板の製造技術のレベルに大きく依存するが，目安として最小線幅は0.1mm程度である．コストは上昇するが，さらに1桁細い配線や配線間隔も可能である．プリント基板の厚さはコア材の厚さを変えることで調節できるが，通常は1mm以下である．銅薄膜の厚さは35μmのほか，これを基準として，その約半分の18μmと2倍の70μmが一般的である（配線には18μm，電源やグランド配線には35μmや70μmがよく用いられる）．なお，銅薄膜を貼ったコアをまとめてコアとよぶこともあるが，ここでは，銅薄膜が貼られていない板をコアとよぶ．

コアの材質は紙やガラス繊維を基材として，これにエポキシ樹脂やポリイミドなどの樹脂材を浸み込ませたものが用いられる．基材と樹脂の組合せによって，耐熱性から見た**FRグレード**とよばれる番号がつけられている．プリント基板の材質をよぶ場

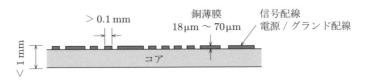

図 **7.13** プリント基板の断面構造例（片面基板）

合，材質そのものの名称を使わず，この FR グレードでよぶことが多い．たとえば，もっとも多く使用されている FR–4 は，基材がガラス繊維で樹脂はエポキシである．

図 **7.14** は両面プリント基板の断面構造例であり，コアの両面に銅薄膜を貼ることで，両面に信号配線や電源/グランド配線を形成する．両面の配線は，**ビアホール**で接続される．ビアホールの直径もプリント基板の製造技術のレベルに大きく依存するが，目安として最小直径は 0.2 mm 程度である．コストは上昇するが，さらにそれより 1 桁小さな径も可能である．両面プリント基板により，両面に LSI を搭載することもできる．また，片面（表面）を信号配線や電源配線として，もう片面（裏面）の銅薄膜全面をグランド面（べたグランドとよばれる）とすることで，安定した基準電位を確保することもある．

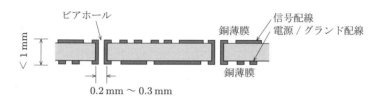

図 **7.14** プリント基板の断面構造例（両面基板）

複数の両面プリント基板を積層することで，**多層プリント基板**を形成することができる．多層プリント基板の断面構造例を，図 **7.15** に示す．この例は 6 層構造であり，3 層と 4 層の銅薄膜を用いて電源/グランド配線層を形成し，その他の層の銅薄膜を用いて信号配線層を形成している．3 枚の両面プリント基板を**プリプレグ**（prepreg）とよばれる絶縁材で接合することで，6 層構造の 1 枚のプリント基板を形成している．プリプレグも基本的にコアと同じ材質であるが，コアのように硬化していない状態のプリプレグでコアを接着して熱硬化処理を行うことで，1 枚のプリント基板を形成する．

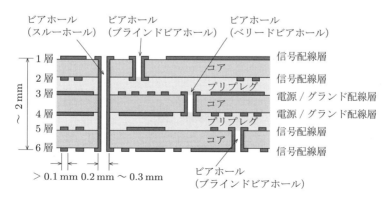

図 **7.15** 多層プリント基板の断面構造例

層間の配線を垂直接続するビアホールについて，1層から6層まで貫通するビアホールは7.4節で説明したように**スルーホール**，または**貫通ビアホール**とよばれる．一方，表裏面から内部の層までのビアホールは**ブラインドビアホール**（blind via hole），内部の層間を接続するビアホールは**ベリードビアホール**（buried via hole）とよばれる．プリント基板の厚さはコアとプリプレグの厚さによって変わるが，6層プリント基板では約2mm程度のものが多い．

LSIチップの集積度が向上し，プリント基板に搭載するLSI数が増えるほど，プリント基板内での総配線数は増加する．このため，プリント基板に必要な信号配線層数は増加する．また，安定した電源を供給するためには，複数の電源/グランド配線層が必要になる．このためプリント基板の層数は増加し，10層を超える多層プリント基板を用いる電子機器も珍しくなく，スーパーコンピュータなどでは数十層のプリント基板が用いられている．

例題 7.4 プリント基板の層数は，実装するLSIのパッケージが2次元端子配列のほうが1次元端子配列よりも一般的に多くなる．その理由を述べなさい．

解　答 2次元端子配列のLSIパッケージの場合，プリント基板内で，パッケージ中央部の端子に接続された配線をパッケージの外に向けて引き回す配線設計が必要となる．この配線取り出しの際，配線が混んでしまい，配線どうしの間隔を保てなくなる．このため，プリント基板層数を増やして，全端子からの配線取出しを実現する必要が生じる．

7.8.2　製造工程

図7.15で示した多層プリント基板の製造工程を，**図7.16**に示す．はじめに，コアの加工を行う．

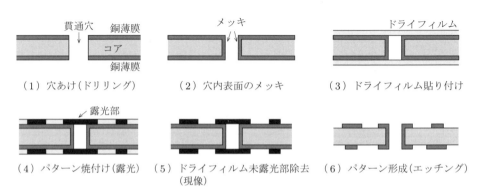

図 7.16　プリント基盤の製造（1）〜（6），コア（銅張積層板）の加工

（1）コアの両面に銅薄膜を貼った板（これを**銅張積層板**とよぶ）にドリルによってビアホール用の貫通穴を開ける．
（2）**メッキ**によって貫通穴表面に銅薄膜を生成し，ビアホールを形成する．
（3）銅張積層板の両面に**ドライフィルム**（ドライフィルムレジストともよぶ）を貼る．これは，LSI 製造におけるレジスト塗布に相当する．
（4）配線や電源/グランド配線パターン，ビアホールのランド（ビアホール径を囲む円形状のパターン）などのパターンを露光する．
（5）ドライフィルムの未露光部を除去する（現像する）．
（6）転写されたドライフィルムの現像パターンを用いて銅薄膜をエッチングし，パターンを銅薄膜に転写する．

コアの加工後は，これらを積層し，スルーホールと表裏面の銅薄膜パターンの形成を行う．

（7）加工した3枚のコアをプリプレグで挟み，積層プレスによって1枚の基板に成型する．ここで，（1）～（6）ではコアの表裏面の銅薄膜にパターンを形成しているが，これは，3枚のコアの中央の1枚だけで，その上下のコアは，内層部はエッチングによりパターン形成するが，積層後の表裏面（1層と6層に相当する面）の銅薄膜はそのままで，まだエッチングしていない．そして積層後，ドリルによってスルーホール用の貫通穴を形成する．
（8）メッキによって，貫通穴表面に銅薄膜を生成し，スルーホールを形成する．さらに，（3）～（6）の工程で，表裏面の銅薄膜パターンを形成する．

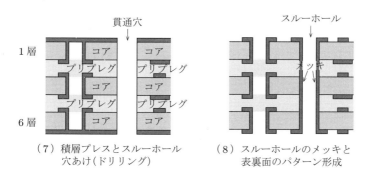

（7）積層プレスとスルーホール穴あけ（ドリリング）　　（8）スルーホールのメッキと表裏面のパターン形成

図 7.16 続き（7）～（8），積層とスルーホール形成

以上が，コアを積層プレスする手法による多層プリント基板の製造方法である．一方，この方法では，一つのコアの表裏面の配線層はビアホールで接続できるが（図7.15の1-2層，3-4層，5-6層），異なるコア間の配線層（たとえば図7.15の2-3層や

3-5層)を接続するにはスルーホールを用いる必要がある．スルーホールは，接続とは関係ないコアにも穴を開けることとなり，無駄なスペースをとってしまう．この問題を解決するために1層ずつ逐次的に多層プリント基板を製造する方法が**ビルドアップ法**であり，この方法で製造されたプリント基板は**ビルドアッププリント基板**とよばれる．ビルドアップ法では，中央のコアをもとにして順番に，「絶縁層（プリプレグなど）の積層」→「穴あけ」→「導体層の生成（メッキなど）」→「パターン形成」の工程を繰り返すことで多層プリント基板を製造する．これにより，接続したい配線層間のみをビアホールで接続することができる（スルーホールは不要となる）．なお，ビルドアップ法の積層した絶縁層の穴あけには，コアを含めた貫通穴をあけるのではないため，レーザが利用される．

プリント基板上へのLSIの実装形態を，図7.17に示す．プリント基板の表面層には，表面実装型のパッケージであるQFPやBGAなどのリードやハンダボールをハンダ付けするための銅薄膜によるパッドが形成されている（このパッドは，フットプリントともよばれる）．DIPなどの挿入実装型パッケージのピンは，スルーホールにピンを挿入してスルーホール内でハンダ付けされる．

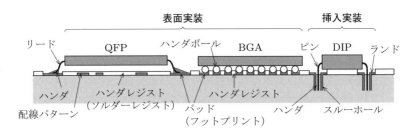

図 **7.17** プリント基板上へのLSIの実装形態

プリント基板の表面は，これらのパッドやスルーホールとそのランド以外は**ハンダレジスト**（ソルダーレジスト）によって覆われている．ハンダレジストは，表面層の配線パターンを保護する役目のほかに，ハンダ付けの際にハンダが流れてハンダどうしが接触したり，不要な部分に流れたりすることを防止する役目も果たす．なお，プリント基板表面には，LSIパッケージやそのほかの電子部品に関係した番号や記号などが，通常は白い塗料でシルク印刷されている．このため，これらの記号や番号は**シルク**とよばれている（図7.17には記載していない）．

LSIをプリント基板上にハンダ付けする工程の概略は，以下のとおりである．
（1）プリント基板表面に**メタルマスク**（パッド部分だけ穴のあいた金属板）を当て，パッド部分だけにクリームハンダを塗布する（謄写版による印刷と同じ原理であ

る).クリームハンダとは,液体に近いペースト状のハンダである.
(2) **チップマウンタ**とよばれる表面部品搭載機で,表面実装型のLSIをプリント基板上に搭載する.この際,リードやハンダボールがパッドに正確に合うように位置決めして搭載する.
(3) LSIが搭載されたプリント基板を**リフロー炉**とよばれる加熱炉に入れ,クリームハンダを溶融することで一括ハンダ付けする.
(4) ラジアル機,あるいはアキシャル機とよばれる挿入部品装着機や手作業によって,挿入実装型のLSIをプリント基板に搭載する(パッケージのピンをスルーホールに挿入する).
(5) プリント基板の裏面を溶融状態のハンダに接触させ,スルーホール内にハンダを入れることで,ピンをハンダ付けする.この工程を行う装置は,**ハンダ槽**,あるいはフローハンダ槽とよばれる.
(6) 画像検査装置や目視によって,ハンダ付けの状態を検査する.

なお,挿入実装型のLSIの場合,プリント基板の片面に部品が搭載され,反対側の面からハンダ付けを行う.このため,部品の搭載されている面を部品面,ハンダ付けする面をハンダ面とよぶことがある.

演 習 問 題

7.1 ムーアの法則(【演習問題6.4】参照)に対して,2000年代に入り,「モア・ザン・ムーア(more than Moore)」という考え方が広まってきた.モア・ザン・ムーアとはどのような考え方か調べ,その実装技術との関係について述べなさい.

7.2 「レントの法則(Rent's rule)」とはどのような法則か,調べて説明しなさい.

7.3 プリント基板のコアやプリプレグの材料の比誘電率とプリント基板内の信号配線(ストリップライン)を伝わる信号の伝送速度の関係について調べ,コアやプリプレグの材料として,信号の高速伝送にはどのような材料が望ましいか述べなさい.

7.4 高速信号伝送の観点から,プリント基板の配線とLSIチップ内の配線では電気回路的にどのような設計上の差異があるか述べなさい.

8章
集積回路の種類と設計技術

集積回路には，その用途や性能だけではなく，開発期間や量産規模（コスト），設計のしやすさなどにより，さまざまな方式が存在する．本章の前半では集積回路を分類し，それぞれの代表的な構造と仕組みについて説明する．

現在の集積化技術は10億個ものトランジスタを1チップに集積できるレベルに達しており，大規模な回路を設計する設計技術が重要になる．本章の後半では，ユーザが特定用途向けに開発する集積回路（ASIC）を対象に，その設計技術（設計のフローと各ステージでの設計技術）について説明する．

8.1 集積回路の分類

ディジタル集積回路は，
① ロジック vs. メモリ
② フルカスタム vs. セミカスタム
③ 汎用 vs. 専用

の観点で分類することができる．①は基本的な分類であるが，近年，集積化技術の飛躍的な向上により，ロジック集積回路とメモリ集積回路を統合した集積回路が実現できるようになってきた．とくに，プロセッサやメモリ，入出力回路といったディジタルシステムの主要部を集積し，さらにアナログ回路の一部も集積した集積回路は，**システムLSI**，あるいは **SoC**（system on chip）とよばれる．なお，SoCという用語は，そのシステムLSIで使用するソフトウェアも含めた概念として用いられることもある．

②は，集積回路の設計手法とそれに対応した集積回路構造による分類である．より高性能（高速で低消費電力）な集積回路を実現するには，各回路に合ったサイズのトランジスタをより最適な位置に配置し，配線する必要がある．この観点で設計した集積回路が，**フルカスタムLSI**である．すなわち，フルカスタムLSIは，高性能化を主眼とした，トランジスタレベルからの**ボトムアップ設計**による集積回路である．このため，フルカスタムLSIの設計には多くの専門的知識と多大な**設計工数**（設計者の

人数と設計時間）が必要になる．したがって，開発費用も大きくなるため，量産規模（生産数）も大きい製品が対象となる．

一方，**セミカスタム LSI** は，トランジスタレベルですでに設計ずみのゲート回路群や演算器などを用いて，目的とする機能の集積回路を設計する手法である．このため，セミカスタム LSI は，フルカスタム LSI よりも性能は劣るものの，それほど多くの専門的知識を必要とせずに設計工数を大幅に削減できる．したがって，量産規模が比較的小さい製品に向いている．ユーザ（半導体メーカ[*1]に製造を委託する顧客）が開発する集積回路のほとんどは，セミカスタム LSI である．セミカスタム LSI において，トランジスタレベルですでに設計ずみのゲート回路群や演算器などは，**セル**とよばれる．セミカスタム LSI の設計は，トランジスタを設計者から隠蔽し，トランジスタよりも上位の機能であるセルを中心とした**トップダウン設計**である．このため，セルとトランジスタの関係によって，以下の異なった集積回路構造がある．

（1）ゲートアレイ
（2）エンベデッドアレイ
（3）セルベース IC（スタンダードセル）
（4）プログラマブル・ロジックデバイス（PLD）

フルカスタム LSI と（1）〜（4）のセミカスタム LSI の比較を，**表 8.1** に示す．表に示すとおり，セミカスタム LSI もその種類によって，フルカスタム LSI に近いものから，その対極的なものまである．

表 8.1 セミカスタム LSI とフルカスタム LSI の比較

	セミカスタム LSI				フルカスタム LSI
	PLD	ゲートアレイ	エンベデッドアレイ	セルベース IC	
設計工数	少	←			→ 多
性能	低	←			→ 高
量産規模	小	←			→ 大
設計に必要な知識	少	←			→ 多

③は集積回路の用途による分類であり，この分類は，半導体メーカが開発するかユーザが開発するかでさらに細分化することができる（**表 8.2**）．プロセッサやメモリ集積回路は，半導体メーカが開発する**汎用集積回路**である．**プログラマブル・ロジックデバイス**（**PLD**: programmable logic device）は，それ自体は半導体メーカによって開発される汎用集積回路であるが，ユーザはこれを用いて特定用途向けの**専用集積回**

[*1] 半導体ベンダともよばれる．

表 8.2 汎用集積回路と専用集積回路の用途による分類

	半導体メーカが開発	ユーザが開発
汎用集積回路	プロセッサ メモリ：DRAM, SRAM, フラッシュメモリ プログラマブル・ロジックデバイス (PLD) など	—
専用集積回路 (特定用途向け集積回路)	ASSP：(画像処理，音声処理，通信などに特化した標準的な LSI)	ASIC：各ユーザの目的，仕様に特化した専用の LSI

路を開発することができる．このため，表 8.2 では，PLD を半導体メーカが開発する汎用集積回路に分類したが，ユーザが開発する専用集積回路にも分類できる．

一方，**ASSP**（application specific standard product）は，半導体メーカが開発する画像処理や音声処理，通信といった特定用途向けの集積回路であり，複数の携帯機器やディジタルカメラメーカの製品に標準的に利用される集積回路である．ASSP はそれぞれの開発期間や性能に応じて，フルカスタム LSI で開発する場合とセミカスタム LSI で開発する場合がある．

ASIC（application specific integrated circuit）は，ユーザがそれぞれの目的で独自に開発する特定用途向けの集積回路である．すでに述べたとおり，ユーザが開発する集積回路は，そのほとんどがセミカスタム LSI である．したがって，事実上，AISC はセミカスタム LSI によって実現されている．

8.2 セミカスタム LSI の構造

本節では，ユーザが開発する集積回路に焦点を当て，その構造を説明しよう．ユーザが開発する集積回路のほとんどはセミカスタム LSI であり，すでに述べたとおり，セミカスタム LSI には，(1) ゲートアレイ，(2) エンベデッドアレイ，(3) セルベース IC（スタンダードセル），(4) プログラマブル・ロジックデバイスがある．ユーザはこれらのなかから，開発期間や性能（表 8.1）などを考慮して適切な集積回路を選択し，それぞれの用途に合った集積回路を開発する．

8.2.1 ゲートアレイ

ゲートアレイ（gate array）の概念はすでに 3.1.6 項で述べた．ゲート回路部分はすでに製造ずみで，ユーザはそれぞれの用途に合った論理回路を実現するための配線を追加設計するだけでよい．このため，短期間でそれぞれの用途に合った集積回路を開

発,製造できることが特長である.ここで,図 3.12 はあくまでゲートアレイのもととなる概念図であり,本項ではゲートアレイの実際について解説する.

基本的なゲートアレイの全体構造を**図 8.1** に示す.一列に並べられた**ベーシックセル**(basic cell)群が,一定のスペース(配線領域)をおいて配置されている(ベーシックセルについては後述する).このスペースは,後から配線を形成する領域である.図 8.1 の例では,チップへの電源の供給や信号の入出力はチップの周囲から行っており,チップの周囲には入出力セル(入出力信号用のバッファ回路)と入出力パッド(ワイヤボンディングのためのボンディングパッド)が配置されている.

図 8.2 にベーシックセルの構造例を示す.2 個の pMOS トランジスタと 2 個の nMOS トランジスタが対向して設置されていて,その上下に電源配線(V_{DD})とグラ

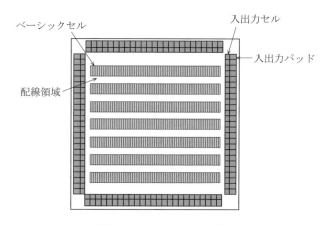

図 8.1 基本的なゲートアレイ(チャネル型)の構造

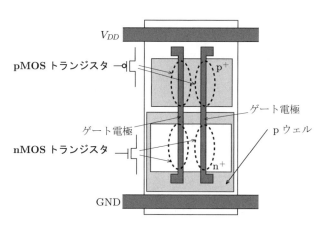

図 8.2 ベーシックセルの構造

ンド配線が設置されている．電源配線とグランド配線は，一列のベーシックセル群で共通に利用される．このように，ベーシックセルには，まだトランジスタ間の配線は形成されていない．

このベーシックセルを用いることで，基本的な論理回路を構成することができる．図 8.3 に一つのベーシックセルを用いた NOT ゲートのレイアウト例を示す．2 個の nMOS トランジスタと 2 個の pMOS トランジスタのうち，それぞれ 1 個を用いている．これらに配線とコンタクトホールを追加することで，NOT ゲートを実現している．また，図 8.4 には，二つの隣接したベーシックセルを用いた 3 入力 NOR ゲート

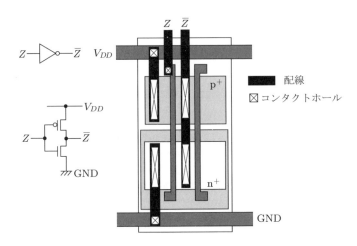

図 8.3 ベーシックセルを用いた NOT ゲート

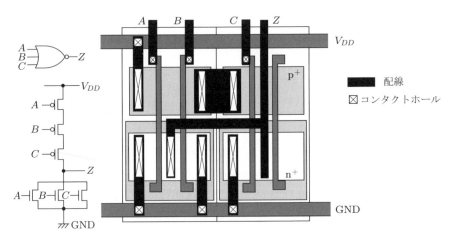

図 8.4 ベーシックセルを用いた 3 入力 NOR ゲート

のレイアウト例を示す．4個のnMOSトランジスタと4個pMOSトランジスタのうち，それぞれ3個を用いている．

また，ベーシックセルを用いることで，基本的なゲート回路のほか，フリップフロップなどの順序回路も構成することができる．これらのベーシックセルを用いて構成される基本的な論理回路は，**マクロセル**（macro cell）[*1]とよばれる．図8.3や図8.4の例に示すように，マクロセルはベーシックセル領域内の配線で構成される．これに対して，マクロセル間の接続は，配線領域の配線で行われる．

マクロセルは半導体メーカによって設計され，さまざまなものが提供される．マクロセル数は通常，300程度が用意されており，このマクロセルをまとめたデータベースは**セルライブラリ**（cell library）とよばれる．ユーザはセルライブラリのなかから必要なマクロセルを選択・配置し，マクロセルを配線領域の配線を用いて接続することにより，目的とする集積回路を実現する．なお，ベーシックセル群が配置された段階までのシリコンウェーハ（まだ個別に配線がされていない状態）を，**マスタースライス**（master slice）とよぶ．マスタースライス内のLSIチップにそれぞれのユーザの設計に合った個別配線を行った後，ダイシングによってLSIチップを切り出し，パッケージングする．

図8.1に示す基本的なゲートアレイの構造は，**チャネル型**とよばれる．一方，図8.5に示すように配線領域を取り去り，集積回路チップ全面にベーシックセルを敷き詰めたゲートアレイを**チャネルレス型**，または**シー・オブ・ゲート**（sea of gates）**型**とよぶ．

チャネル型では，ベーシックセルどうしの配線はベーシックセル領域内で行い，マクロセルどうしの配線は配線領域で行う．これにより，ベーシックセル間配線とマク

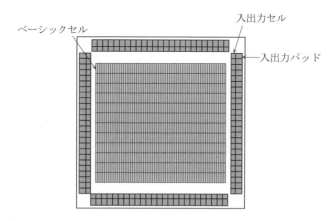

図 8.5 チャネルレス型（シー・オブ・ゲート型）ゲートアレイの構造

[*1] 機能セルともよばれる．

ロセル間配線を階層化できるので，配線の設計を容易化することができる．このため，チャネル型のゲートアレイは，配線設計用 CAD ツールの配線経路探索性能が低く，集積度が低くて配線層数も少ない時代に用いられた．

しかし，チャネル型では，配線領域があるために大規模なマクロセルを実現することが困難である．さらに，マクロセル数が多くなると，配線領域の配線だけではすべてのマクロセル間を接続できなくなる．このため，集積度が向上した現在では，チャネルレス型のゲートアレイが主流になっている．チャネルレス型のゲートアレイでは，敷き詰められたベーシックセルの領域全体を用いて配線を形成できる．このため，配線経路の候補数が増すので，マクロセルが大規模化し，かつマクロセルの数が増えても回路間の配線が可能となる．一方，ベーシックセル間配線とマクロセル間配線の領域分けがなくなるため，配線経路探索性能の高い配線設計用の CAD ツールが必要となる．

8.2.2　エンベデッドアレイ

ゲートアレイの特長は，短期間で集積回路の開発，製造が可能なことである．一方，マクロセルはベーシックセルから設計されるため，トランジスタのサイズを最適化することができない．このため高集積化や，高速動作が難しくなる．

ゲートアレイを基本として，これを拡張したセミカスタム LSI が**エンベデッドアレイ**（embedded array）である．エンベデッドアレイの基本的な構造例を，**図 8.6** に示す．トランジスタのサイズや配置，内部配線長の点で最適化設計されたプロセッサやメモリ，入出力インタフェース回路などの汎用で大規模な**機能ブロック**が，マスタースライスの段階でつくり込まれていることが特徴である．

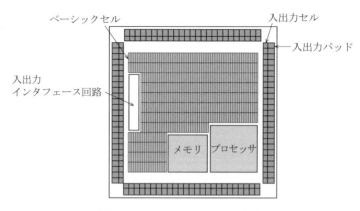

図 8.6 エンベデッドアレイの構造

これらの機能ブロックは，それぞれのユーザの用途に共通して利用されることが多い回路である．機能ブロックを用いるほうが，マクロセルを用いるよりも高集積化と高速化が可能である．ユーザはこれらの機能ブロックを利用しつつ，それぞれの特定用途向けの回路をマクロセルで実現することで，ゲートアレイよりも大規模かつ高速な集積回路を実現することができる．

8.2.3　セルベース IC

ゲートアレイやエンベデッドアレイは，ベーシックセルを出発点として，これに後から配線を付加することで基本ゲートやフリップフロップ，加算器などのマクロセルを実現する．これに対して，**セルベース IC**（cell-based intergraded circuits）は，半導体メーカ側ですでに設計ずみの基本ゲートやフリップフロップ，加算器などの基本回路を出発点する．これらのメーカ側で提供する基本回路は，**スタンダードセル**（standard cell）とよばれる．ユーザは，**セルライブラリ**（スタンダードセルのデータベース）[*1]のなかから必要なスタンダードセルを選択し，LSI チップ上に配置，配線することで，特定用途向けの集積回路を実現する．

セルベース IC では，基本ゲートやフリップフロップ，加算器などの基本回路がそれぞれ個別にトランジスタレベルでスタンダードセルとして最適化設計（サイズや遅延時間が最小になるように設計）されている．これより，スタンダードセルは，ゲートアレイよりも高集積で高速な動作が可能となる．一方，ゲートアレイのようにはじめからトランジスタが製造されていないため，セルベース IC の開発には，ゲートアレイやエンベデッドアレイよりも長い期間が必要である（表 8.1）．

セルベース IC のもっとも基本的な構造例を，図 **8.7** に示す．一列に並べられたスタンダードセル群と配線領域が交互に配置されている．スタンダードセル群の間のスペースは配線領域として用いられる．スタンダードセルの高さ（1 辺の長さ）は統一されており，このようなスタンダードセルは，**ポリセル**とよばれる．

一方，高さも任意なスタンダードセルは，**ジェネラルセル**とよばれる．ポリセルとジェネラルセルを併用したセルベース IC の基本構造を，図 **8.8** に示す．ジェネラルセルは，ポリセルに比べてサイズ制約がないことが特長である．このため，ジェネラルセルは，演算器やレジスタなど基本ゲートやフリップフロップよりも回路規模の大きな機能ブロックに適用することが多い．ジェネラルセルはサイズが異なるため，その配置の自由度は増し，配線領域の自由度も増す．どこにどのセルを配置し，どのようにセル間を配線するかという**配置・配線問題**は，ゲートアレイの場合と同様に，自

[*1] セルライブラリという名称は，8.2.1 項で説明したゲートアレイのマクロセルのライブラリと同じであるが，含まれているセルが異なる．

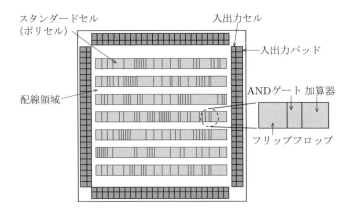

図 8.7 もっとも基本的なセルベース IC の構造（ポリセル型スタンダードセル）

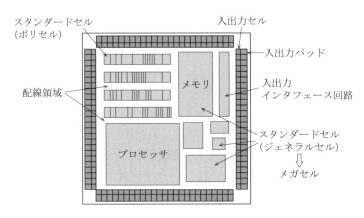

図 8.8 ジェネラルセル（メガセル）をもつセルベース IC の構造

由度が増すほど探索空間が広がり，最適な解を見つけることが難しい問題となる．このため，ジェネラルセルを用いたセルベース IC のほうが，性能の高い配置・配線設計用の CAD ツールが必要となる．

　集積度が向上することで，プロセッサやメモリといった大規模な機能ブロックを一つのジェネラルセルとしてまとめることができる．このような大規模なジェネラルセルは**メガセル**ともよばれる．ユーザは，高性能でコンパクトなメガセルを利用しつつ，特定用途向けの専用回路部分をポリセルやジェネラルセルで実現することで，それぞれのユーザの用途に合った高性能でコンパクトな集積回路を実現することができる．

8.2.4 プログラマブル・ロジックデバイス

プログラマブル・ロジックデバイス（PLD）は半導体メーカが開発し，提供・販売する汎用集積回路であり，ユーザはこれを用いて個々の目的に合った専用集積回路を開発できる．PLD 以外の集積回路は，ユーザが回路を設計した後に設計データを半導体メーカに渡し，半導体メーカがその設計データに基づき集積回路を製造する．一方，PLD は，ユーザが回路を設計した後に，ユーザのサイト（ユーザ側の設計・開発現場）で設計データから PLD 上に実際の回路を実現することができる．これが PLD の特長であり，"プログラマブル"という名称は，この特長を表している．さらに，次節で説明する多くの PLD では，回路を何度も変更することができる．とくに，回路を何度も変更することができる PLD は，**再構成可能集積回路**（reconfigurable LSI），または**書き換え可能集積回路**とよばれる．

かつて PLD は，プログラマブルである一方，集積度が低く，動作速度も遅かった．しかし，近年の集積化技術の進展により，その集積度と動作速度は向上し，さまざまな製品に利用されるようになってきた．

PLD はセミカスタム集積回路として，今後もますます普及すると考えられる．このため，次節で改めて PLD についてその構造と特長を詳しく解説する．

8.3 プログラマブル・ロジックデバイス
―プログラマブルなセミカスタム集積回路―

8.3.1 積和標準形に基づく PLD

積和標準形（**加法標準形**）は**組合せ回路**の基本的な設計手法である．積和標準形により，真理値表から自動的に組合せ回路を設計することができる．本項では，積和標準形の原理に基づく PLD について説明しよう．

はじめに，**半加算器**（桁上げ入力のない加算器）の設計を例に，積和標準形について復習しよう．**表 8.3** は半加算器の真理値表である．2 ビットの入力 A と B に対して，加算結果の出力が S，桁上げ出力が C である．これから，以下の手順で組合せ回路を生成する．

表 8.3 半加算器の真理値表

入力		出力	
A	B	S	C
0	0	0	0
1	0	1	0
0	1	1	0
1	1	0	1

【生成手順】
(1) 真理値表の各入力（表 8.3 の場合は，A と B の 2 入力）に対し，入力自身に接続された配線とその否定をとった配線（NOT ゲートを介した配線）の入力配線対を設置する（図 8.9）．

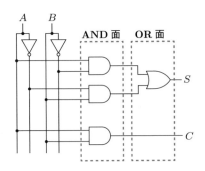

図 8.9 半加算器の論理回路

(2) 真理値表の各行で出力が 1 となる行（積項）に着目する．表 8.3 では，$S = 1$ になるのは

$$A = 1 \text{ かつ } B = 0$$

のときと，

$$A = 0 \text{ かつ } B = 1$$

のときである．また，$C = 1$ になるのは，

$$A = 1 \text{ かつ } B = 1$$

のときである．

(3) 入力数（この例では A と B の二つ）と同じ数の入力をもった AND ゲートを，手順(2)で着目した出力が 1 の行数と同じ数（積項の数）だけ設置する．表 8.3 の例では，2 入力の AND ゲートを，S に対しては二つ，C に対しては一つ設置する．

(4) 入力配線と AND ゲートを以下の決まりで接続する．
　　手順(2)で出力が 1 となった各行（積項）に対して，入力が 0 の場合は，その入力の否定をとった配線と AND ゲートの入力を結ぶ．入力が 1 の場合は，その入力を直接 AND ゲートの入力と結ぶ．この例では，図 8.9 に示すように，$S = 1$ となる

8.3 プログラマブル・ロジックデバイス ─プログラマブルなセミカスタム集積回路─

$A = 1$ かつ $B = 0$

のときは，A の入力配線と B の否定の入力配線を AND ゲートの入力と接続する．また，

$A = 0$ かつ $B = 1$

のときは，B の入力配線と A の否定の入力配線を AND ゲートの入力と接続する．また，$C = 1$ となる

$A = 1$ かつ $B = 1$

のときは，A の入力配線と B の入力配線を AND ゲートの入力と接続する．
（5）最後に，各出力（この例では S と C）に対して，手順(4) の AND ゲートの出力すべてを入力とする OR ゲートを設置する（積項の論理和をとる）．この例では，S については，二つの AND ゲートの出力を2入力の OR ゲートに接続する．C については，AND ゲートは一つであるので1入力の OR ゲートとなり，OR ゲートは不要となる．
（6）OR ゲートの出力が，それぞれ真理値の出力値（この例では，S と C）となる．

この設計手法に従えば，任意の真理値表から自動的に組合せ回路を生成することができる．そして，この設計手法に基づき，ユーザが自由に組合せ論理回路を実現できるように構成された集積回路が，積和標準形に基づく PLD である．

積和標準形に基づく PLD の構成概略を，図 **8.10** に示す．N 個の入力値 I_i ($i = 1 \sim N$) とその否定 $\overline{I_i}$ を生成するための NOT ゲート群，AND ゲート群，そして OR

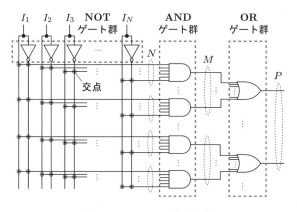

図 **8.10** PLD の基本構成

ゲート群から構成されており，入力値 I_i，およびその否定 $\overline{I_i}$ の配線と AND ゲートの入力配線との交点（図中の〇印）をユーザが自由に接続/切断できる構造としている．もっとも単純な接続/切断の機構は，ヒューズを用いた構造である．交点をすべてヒューズで接続しておき，切断すべき交点のヒューズに高電流を流してこれを溶断する．また，交点に浮遊ゲートトランジスタ（5.7節）を用いることで，交点の接続/切断を実現する構造などがある．

AND ゲート一つひとつは，上記の手順(2)で説明した積項（真理値表の各行で出力が 1 となる行）に対応しており，手順(4)で説明した"入力配線と AND ゲートの接続"をこの交点を接続することで実現する．P 個の OR ゲートは真理値表の出力に対応しており，P 個の各 OR ゲートに対して，M 個の AND ゲート（真理値表の出力が 1 となる行）が接続されている．これにより，対象とする真理値表に対して，AND ゲートと OR ゲートの数，およびそれらの入力数が足りていれば，その真理値表をハードウェア化することができる．

さらに，**図 8.11** に示すように，OR ゲートからの出力を AND ゲートにフィードバックする構造（フィードバックするかしないかを決められる交点をもつ構造）を付加することや，**図 8.12** に示すように，AND ゲートと OR ゲートの接続に交点をもたせることで，実現できる組合せ論理回路の範囲を広げた構造もある．

以上の構造により，ユーザのサイトでさまざまな組合せ論理回路を実現することができる．さらに，**図 8.13** に示すように，OR ゲートの出力にラッチ（フリップフロップ）とセレクタを付加することで，**順序回路**を構成することもできる．

なお，微細化技術の向上により，大規模な"積和標準形に基づく PLD"が実現できるようになってきた．代表的な例として，"積和標準形に基づく PLD"を一つのブ

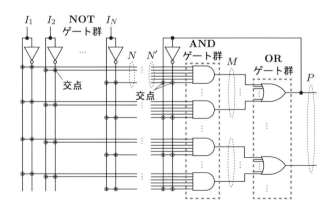

図 8.11 フィードバック配線をもつ PLD の構造

8.3 プログラマブル・ロジックデバイス ——プログラマブルなセミカスタム集積回路—— 171

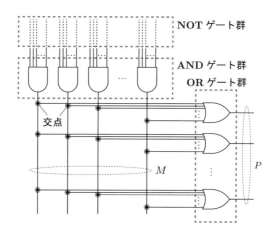

図 8.12 AND–OR に接続点をもつ PLD の構造

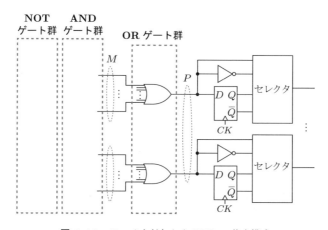

図 8.13 ラッチを付加した PLD の基本構成

ロックとして，複数個のこれらのブロック間を配線で接続した PLD があり，**CPLD**（complex PLD）とよばれる．

8.3.2 FPGA

FPGA（field programmable gate array）は，上述した積和標準形とはまったく異なった考え方によって PLD を実現している．以下，代表的な FPGA の構造を説明する．

＜FPGA の全体構成＞

組合せ論理回路は，真理値表で表現することができる．そして，真理値表の入力値をメモリ回路のアドレスと考えれば，出力値はそのデータである．すなわち，組合せ論理回路はメモリ回路を用いることでも実現できる．したがって，メモリ回路を用いて，そのデータを書き換えることでも PLD を実現することができる．

この考え方に基づく PLD が FPGA である．図 8.14 に代表的な FPGA の全体構成例を示す（内部回路のみで，入出力回路などは記載していない）．**論理ブロック**の内部は，

「小規模なメモリ回路」＋「ラッチ（フリップフロップ）」

で構成されている（詳細は後述する）．「小規模なメモリ回路」により書き換え可能な組合せ回路を実現しており，これにラッチ（フリップフロップ）付加することで，書き換え可能な順序回路を構成している．これらの論理ブロックは 2 次元格子状に配置され，各論理ブロックは論理ブロック間配線で接続されている．なお，この構造は**アイランド型**（island style）の FPGA とよばれる．

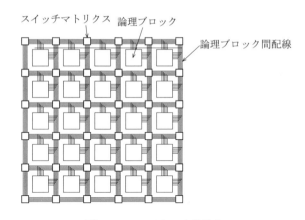

図 8.14 FPGA の全体構成

論理ブロック間配線の途中には，**スイッチマトリクス**が配置されている（詳細は後述する）．スイッチマトリクスは，配線どうしの接続と切断を設定・変更できる回路である．これにより，論理ブロック間の接続をプログラマブルに設定・変更できるので，集積回路全体を大規模なプログラマブルデバイスとして使用することができる．

なお，最近の FPGA では，論理ブロックやスイッチマトリクス，配線領域外の場所に通常のデータ記憶のためのメモリ回路を置くことにより，「PLD」＋「メモリ集積回路」を実現している．

8.3 プログラマブル・ロジックデバイス ——プログラマブルなセミカスタム集積回路——

＜論理ブロック＞

論理ブロックの例を図 8.15 に示す．**ルックアップテーブル**（LUT: look-up table）は，メモリ回路で構成された真理値表であり，SRAM で構成されている[*1]．LUT の入力信号数（SRAM のアドレス信号数 N）は 4～6 程度である．そして，LUT にラッチ（フリップフロップ）とセレクタを付加することで，図 8.13 と同様に，書き換え可能な順序回路を構成している．なお，図 8.15 に示す回路により一つの論理ブロックを構成することができるが，通常は，これを複数個（4 個程度）まとめたものを論理ブロックとしている．

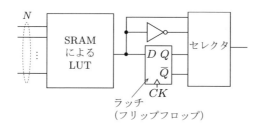

図 8.15 論理ブロックの構成

＜ルックアップテーブル（LUT）＞

LUT は，5 章で説明したメモリ集積回路と同じ回路構成で実現できる．しかし，小規模なメモリではアドレスデコーダなど周辺回路の面積の割合が大きくなり，非効率である．このため LUT は，**図 8.16** に示すように，セレクタ回路の**木構造**を用いて実現することが一般的である．

図 8.16 の例は，4 入力 1 出力の LUT を示している．真理値表の出力値はメモリセルに記憶され，メモリセルの出力は木構造の 2 入力のセレクタ回路群に接続されている．たとえば LUT への入力（真理値表の入力）が，$A = 0, B = 1, C = 1, D = 0$ であった場合（図中の太線），各セレクタがこれを制御信号として，入力を選択する．これにより，最終段のセレクタ回路からは，真理値表の出力値に対する $Z = 1$ が出力される．なお，多くの FPGA では，メモリセルとして SRAM のメモリセルが用いられている．

ここで，LUT を上述のようにセレクタ回路の木構造によって実現した場合，複数段のセレクタを信号が通過するため，大規模になると信号遅延が大きくなる．また，真

[*1] ルックアップテーブルとは，もともと "早見表" という意味である．計算機工学の分野では，同じ計算処理を毎回行うのではなく，計算結果を表にしておいて，計算せずに表を引くことで計算結果を高速に得るためのメモリをルックアップテーブルとよぶ．FPGA では，真理値表を実現するメモリをルックアップテーブルとよんでいる．

174   8章　集積回路の種類と設計技術

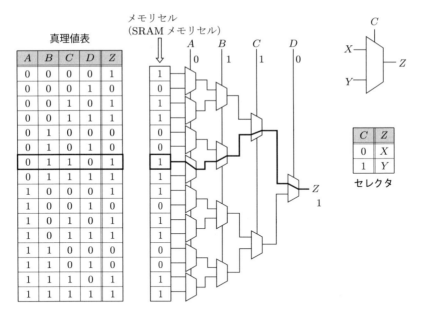

図 8.16　ルックアップテーブルの構成

理値表をそのまま回路化した構造であるため，**論理回路の簡単化（圧縮）**[*1]ができない．このため，LUT のサイズをあまり大きくすると動作速度が遅くなり，かつ基本論理ゲートで構成した組合せ回路よりも回路規模が大きくなるという問題点がある．このため LUT は，その入力数が 4～6 の小型なものが用いられている．

＜スイッチマトリクス＞

図 8.17 にスイッチマトリクスの回路例を示す．この例では，4 本×4 本の配線のプログラマブルなスイッチ回路を示している．各配線の交点には切り替え回路が設けてあり，各切り替え回路は 6 個のトランスミッションゲート（3.1.7 項）から構成されている．このトランスミッションゲートをオン/オフすることで，配線の接続を設定・変更することができる．図では，二つのトランスミッションゲートをオンにし，残りをオフにすることで，破線で示した配線接続を実現している．各トランスミッションゲートのオン/オフを切り替えるためにトランスミッションゲートに与える電圧値（1/0 値）も SRAM に記憶されており，配線の切り替えもプログラマブルに行うことができる．

　なお，通常の FPGA は，LUT やスイッチマトリクスを構成する SRAM にデー

---

*1「論理回路」や「ディジタル回路」で学ぶ，カルノー図などを用いた論理回路の簡単化に基づく方法．

8.3 プログラマブル・ロジックデバイス —プログラマブルなセミカスタム集積回路—

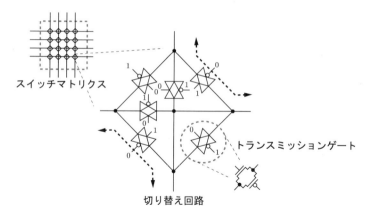

図 8.17 スイッチマトリクスの構成

タを書き込み（プログラムし），その後，論理回路を動作させる．このデータ書き込みを**コンフィギュレーション**（configuration）とよぶ．そして，論理回路を変更する場合は，いったんすべての論理回路の動作を停止させて，再度コンフィギュレーション（リコンフィギュレーション）する．しかし FPGA のなかには，一部の論理回路を動作させながら，動作していないほかの論理回路用の SRAM のデータをリコンフィギュレーションすることができるものもある．このリコンフィギュレーションを，**動的部分再構成**（dynamically partial reconfiguration）とよぶ[*1]．

動的部分再構成により，動作している論理回路を停止させずに，別の論理回路を変更することができる．この機能を用いることで，動作を停止せずに，アプリケーションに応じてアーキテクチャを変更できるプロセッサなども可能となり，小型で高性能なプロセッサを実現することができる．

例題 8.1 FPGA が実用化された当時（1980 年代後半），FPGA は電子機器に搭載される LSI としての利用よりも，別の目的で広く用いられていた．どのような目的で用いられていたか調べ，述べなさい．

解 答 FPGA が実用化された当時は，その集積度は低く，動作速度も遅かった．このため，FPGA は**論理エミュレータ**（emulator）や**ラピッドプロトタイピング**（rapid prototyping）[*2]を目的とした利用が主流であった．

論理エミュレータは，設計した論理回路の動作検証（正しく論理回路が設計されているか否かの検証）を目的としたハードウェアである．論理エミュレータを用いることにより，ソフトウェアによる論理検証（**論理シミュレーション**）よりも高速な検証が可能となり，

[*1] 動的再構成（dynamic reconfiguration）とよぶ場合もある．
[*2] 試作機を短期間で開発すること．

大規模な論理回路（たとえばプロセッサ）を早期開発することができる．これより，複数のFPGAを用いて構築した論理エミュレータで大規模論理回路の検証を行い，回路に誤りがあった場合，FPGAを書き換えることで何回も容易に高速な論理検証を行うことができる．このFPGAを用いた論理検証の修了後，電子機器に搭載するLSI（プロセッサやASIC）を開発する．

また，ユーザサイトで何度でも素早く回路を修正することができる特徴を利用したラピッドプロトタイピングとしての利用も，初期の頃からのFPGAの目的である．中小規模の論理回路であれば，一つのFPGAで実現できる．これより，まずFPGAを用いて電子機器システムの試作機を構築し，動作確認と修正を行った後にASICなどを使ったLSIにFPGAを置き換えて，システムを完成させる．

なお現在でも，FPGAは論理エミュレータやラピッドプロトタイピングを目的として広く利用されている．

例題 8.2 2000年代に入り，電子機器に搭載されるセミカスタムLSIとして，ASICではなくFPGAを利用するユーザが急速に増えている．このFPGAの急速な普及について，開発コストの観点で考えられる理由を述べなさい．

解 答 LSIの集積化技術の向上に伴い，ASICの開発コストは急激に上昇している．このため，出荷量が少ないASICでは，その販売単価が高額となる．一方，集積化技術の向上に伴い，FPGAの集積度は向上し，その動作速度も向上している．これより，結果としてASICで実現するよりは，FPGAで特定用途向けのLSIを開発したほうが販売単価が下がるケースが増えている．このため，ASICではなくFPGAを実際の電子機器に搭載するユーザが増えている．

たとえば，現在，開発費用が10億円以上のASICは珍しくない．このため，このASICを10万個量産しても1個あたりの単価は1万円となる．一方，FPGAはもともと安価ではないが，集積化技術の向上により，1万円以下でも大規模で高速なFPGAが普及している．

またたとえば，ASICの開発費10億円に対して，売上の目標額をその10倍とすると，100億円となる．この売上目標が市場シェアの10％であったとすると，市場規模は1000億円となり，開発するASICが対象とする市場規模が1000億円以上でないと開発に見合わないという試算になる．大規模な市場でないとASICを利用しても採算が合わなくなりつつあることも，FPGAが台頭してきた理由である．

8.4 設計のフローと各ステージでの設計技術

本節では，ASICを開発する設計のフローとそのフローにおける各ステージでの設計技術について説明する．

8.4.1 設計全体のフロー

LSI 設計全体のフローを図 8.18 に示す．ASIC を開発する場合，通常，LSI の発注者であるユーザは図中の論理設計までを行う．**システム設計**はもっとも抽象度の高い設計段階であり，その後，**機能設計**から**論理設計**と抽象度の低い，具体的な設計に移っていく．半導体メーカはユーザの論理設計結果に基づき，**レイアウト設計**を行う．そしてフォトマスク作成の後，6 章で説明した半導体製造プロセスにより，LSI を製造する．なお，論理設計までの設計は**フロントエンド設計**（front-end design），レイアウト設計以降は**バックエンド設計**（back-end design）とよばれる．

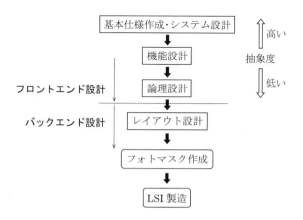

図 8.18　LSI（ASIC）設計の全体フロー

各段階の設計は，設計用のソフトウェアである CAD ツールを利用しながら行われる．そして各設計段階では，その設計が正しいか否かの**検証**が行われ，この検証作業にも検証用の CAD ツールが用いられる．とくに，フロントエンド設計で用いられる検証用の CAD ツールは，総称として**論理シミュレータ**とよばれる．

以下の節では，図 8.18 に示す各ステージについて，その詳細を説明する．

8.4.2 基本仕様作成とシステム設計

LSI の設計では，はじめに，開発する LSI の動作と性能，価格，消費電力などの基本的な検討を行い，**基本仕様**を決定する．基本仕様決定後，回路規模がそれほど大きくない場合は，つぎの設計段階である機能設計に移ることができる．機能設計からは，回路の具体的な動作を意識した設計段階となる．したがって，動作が複雑な大規模な集積回路（システム LSI など）では，基本仕様からいきなり機能設計に移ることは困難である．

このため，大規模な集積回路では，基本仕様をもとに**高位記述言語**を用いて LSI の

動作を記述した**動作記述ファイル**を作成する．そして，このファイルと**システムレベルシミュレータ**を用いて動作を検証し，基本仕様に合っていなければ動作記述ファイルを修正する．この基本仕様から動作記述ファイルの作成，検証までの段階は，**システム設計**とよばれる（図8.19）．なお，高位記述言語は，**動作記述言語**や**ビヘイビア**（behavior）**記述言語**ともよばれる[*1]．

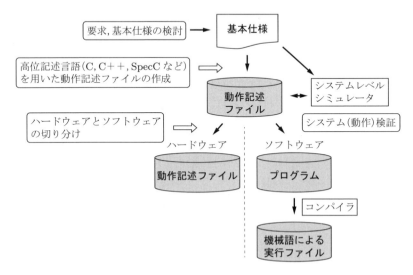

図 8.19　基本仕様作成とシステム設計

具体的な高位記述言語としては，CやC++，SpecCなどのC言語を中心とした言語が主流である．つまり，動作記述とは，所望の動作を従来のプログラム（ソフトウェア）記述言語で記述することとほぼ等しい．このため，システム設計を**C言語ベース設計**とよぶこともある．ここで，動作記述の段階は

```
a = b + c
e = a * d
```

といった記述であり，まだ回路の動作タイミングは意識されていない．このような設計は，**アンタイムド**（untimed）なレベルの設計とよばれる．動作記述ファイルを作成することで，その後，この動作の抽象度を下げ，つぎの具体的な回路設計段階に進むことができる．

ここで，動作記述ファイルに基づき，これをすべて回路化する（ハードウェア化す

[*1] 記述の抽象度によって，高位記述語と動作記述言語を分けて考えることもあるが，本書では同一のものと考える．

る）場合と，動作の一部をソフトウェアで実行する場合がある．とくにシステム LSI では，動作の一部を LSI チップ内のプロセッサでプログラムにより実行し，コンパクトで低価格な LSI を実現することが可能である．このような場合，システム設計の段階で，動作記述ファイルは回路化する部分とソフトウェアで実行する部分に分けられる．そして，ソフトウェアで実行する記述部分は，プログラムとしてコンパイラでコンパイルされ，プロセッサ用の実行ファイルとなる．

これまで，ハードウェアとソフトウェアは別々に設計されてきた．これに対して，システムを上述のように動作記述言語で表現したうえで，ハードウェアとソフトウェアの切り分けの最適化を図る設計を**ハード・ソフト協調設計**（hardware/software codesign）とよぶ．

8.4.3　機能設計

機能設計では，**RTL**（register transfer level）表現により，回路を記述した **RTL 記述ファイル**を作成する（図 8.20）．はじめに，RTL 記述について説明する．

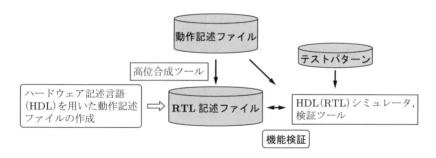

図 8.20　機能設計

論理回路（組合せ回路 + 順序回路）は，組合せ回路であるゲートや加算器などの回路ブロック（機能の単位）がレジスタ（フリップフロップ群）を介して接続された構成が基本である（図 8.21）．そして，組合せ回路を通過した信号は，レジスタ間をクロックに同期して転送される．図で示した回路ブロック（機能の単位）レベルでの回路図を言語で表現したものが RTL 記述である．RTL 記述では，クロックなど信号の変化のタイミングも同時に記述される．

RTL 記述での設計は，動作に加えて，各動作をどのような機能で実現するかを表現した設計となる．このため，この段階の設計は機能設計とよばれる．そして機能設計は，クロックなどの信号が変化する時間を意識した**タイムド**（timed）な設計である．RTL 記述のための言語が**ハードウェア記述言語**（HDL: hardware description language）

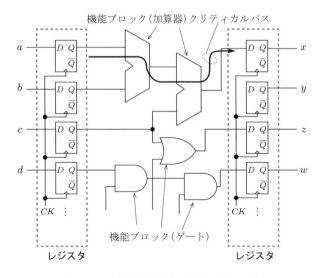

図 8.21　同期式論理回路（順序回路）の概念

であり，**VHDL** や **Verilog HDL** などが広く用いられている（HDL については，後に詳しく説明する）．

一方，RTL 記述の段階では，信号の伝播遅延時間までは意識されていない．レジスタ間の信号経路で，もっとも信号伝播時間が長い経路は**クリティカルパス**（critical path）とよばれ（図 8.21），この経路上の信号伝播遅延時間がクロック周期時間よりも長い場合，タイミング不良となる．クリティカルパスはもっとも重要な信号経路であり，機能設計のつぎの段階の論理設計以降で詳細に解析される．

前項で述べたように，前段のシステム設計では，動作記述ファイルを作成する．そして，動作記述ファイルから，専用のソフトウェアによって自動的に RTL 記述ファイルを生成することが可能である（図 8.20）．このようなソフトウェアは，**高位合成ツール**，あるいは**動作合成ツール**とよばれる．

図 8.20 に示すように，RTL 記述ファイルが作成されると，記述内容が上位の基本仕様や動作記述に適合しているか否かの検証が行われる．この検証は**機能検証**とよばれ，**動的機能検証**と**静的機能検証**とがある．動的機能検証では，テストパターンを入力として RTL 記述の動作を **HDL シミュレータ**（**RTL シミュレータ**ともよばれる）を用いてシミュレーションし，出力結果が期待どおりか否かの検証を行う．静的機能検証では，基本仕様や動作記述ファイルとの整合性を検証ツールを用いて解析的に検証する．そして，検証結果が基本仕様や動作記述に合っていない場合は，RTL 記述ファイルを修正する．

なお，機能設計は，HDLではなく，図8.21に示すような回路図と各信号のタイミングを記述したタイミングチャートを用いても行うことができる．このような設計は，HDLによる設計に対して，**スケマティック**（schematic）による設計（回路図による設計）とよばれる．大規模な回路の表現は，一般にHDLによる設計のほうがスケマティックによる設計よりもコンパクトでわかりやすくなる．このため，現在ではHDLによる設計が主流となっている．

8.4.4 論理設計

機能設計後は，RTL記述ファイルをもとに，対象とするLSIに合った論理設計を行う．論理設計は，概念的にはRTL記述よりも一段抽象度の低い，論理ゲートレベルでの表現による回路設計である．具体的には図8.22に示すように，RTL記述ファイルから専用のソフトウェアである**論理合成ツール**を用いて，**ゲートレベル記述**によるファイルを自動生成する．ゲートレベル記述はセル[*1]間の接続関係を表す記述であり，このファイルは**ネットリスト**とよばれる．

論理合成ツールの実行には，RTL記述ファイルのほかに，**テクノロジライブラリ**と**論理合成スクリプト**が必要である．テクノロジライブラリは拡張されたセルライブラリであり，セルライブラリに，セルの付帯情報（機能，遅延時間，製造プロセスに対応した面積など）を加えたライブラリである．論理合成スクリプトは，論理合成ツールが実行する処理の手順や条件（動作周波数や動作温度の条件など）を記述したファイルである．

論理合成ツールを実行すると，RTL記述ファイルから，

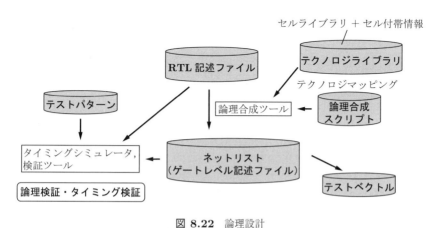

図 8.22 論理設計

[*1] セルとは，8.1節で述べたように，トランジスタレベルですでに設計ずみのゲート回路群や演算器のことであるが，ここでは基本論理ゲートも含めてセルとよぶ．

① 一般的な論理ゲートレベルでの記述による論理回路の生成とその最適化処理

が行われ，つぎに，この一般的な論理ゲートレベルでの記述から，

② ゲートレベル記述ファイル（ネットリスト）の生成

が行われる．②の処理は，一般的な論理ゲートレベルの回路表現を，個々のLSIの具体的なセルを用いた表現にマッピングすることから，**テクノロジマッピング**（technology mapping）とよばれる．

ゲートレベル記述ファイル（ネットリスト）が作成されると，**論理検証**が行われる．論理検証では，動作や機能が上位の設計どおりであることをセルレベルで検証する．

さらに論理検証では，予測配線長（見込み配線長）を含めた遅延モデルからクロックサイクルごとの信号遅延時間を**タイミングシミュレータ**によりシミュレーションし，時間軸上で基本仕様どおりの動作が行われるか否かを検証する．この検証を**タイミング検証**とよぶ．なお，実際の配線の長さは，実際にLSIチップ上にセルを配置してから決定される．そのため，この段階では予測した配線長を用いてシミュレーションを行う．

タイミング検証には，**動的タイミング検証**と**静的タイミング検証**がある．動的タイミング検証は，テストパターンを入力として，クロック周期ごとにゲートレベル記述の動作をシミュレーションし，出力結果が期待どおりか否かの検証を行う．静的タイミング検証は，ゲートレベル記述ファイル（ネットリスト）に基づき，解析的に動作タイミングを評価する．

静的タイミング検証は高速であることが特長であるが，一方，その精度が動的タイミング検証より低くなる．逆に，動的タイミング検証は高精度であることが特長であるが，計算時間が長くなる．

さらに論理設計の段階では，LSI製造後に行う製造不良検査のための**テストベクトル**（テスト用の入力信号の系列）も生成する．LSIの製造後，このテストベクトルをLSIに入力し，その出力結果が期待値と異なっていればそのLSIは不良品であることがわかる．なお製造後の検査では，出荷までの時間の制約から，すべての入力信号を網羅的に入力することは不可能である．このため，製造不良を効率的に見つけるテストベクトルを生成する必要がある．

8.4.5 レイアウト設計

　レイアウト設計では，ゲートレベル記述ファイル（ネットリスト）に基づいて，ゲートアレイやセルベースICのセル（マクロセルやスタンダードセル）のチップ上での配置とセル間の配線を決定する．そして，このレイアウト設計結果からフォトマスクが作成される．

　レイアウト設計では，はじめに**フロアプラン**（floor plan）が行われる．これは，セルの大まかな配置を決める工程であり，とくに，プロセッサやメモリなど大きなセルや機能としてまとまったセル群のまとまり（機能ブロック）を大まかに配置する．フロアプランに使用するCADツールは，**フロアプランナ**（floor planner）とよばれる．

　フロアプラン終了後は，機能ブロック内部のセルの配置と配線を行い，さらにプロセッサやメモリ，機能ブロック間の配線を行う．この配置と配線は，**自動配置配線ツール**とよばれるCADツールによって行われる．

　ここで，自動配置配線ツールは，ゲートレベル記述ファイル（ネットリスト）のタイミングシミュレーションの結果を満足しなければならない．したがって，自動配置配線ツールは，この**タイミング制約**を満たすような配置と配線の解を探索する．このゲートレベル記述ファイルのタイミングシミュレーション結果を自動配置配線ツールに渡すことを，**フォワードアノテーション**（forward annotation）とよぶ．

　一方，トランジスタや配線の微細化が進み，GHz級のクロック信号が用いられるようになった現在，配線長が長いと配線による信号の遅延時間がトランジスタの動作遅延時間を上回るようになった．このため，タイミング制約を満たすような配置と配線の解を見つけられないことがある．この場合，自動配置配線ツールによるタイミング解析結果を機能設計や論理設計レベルにフィードバックして再設計することがある．自動配置配線ツールのタイミング解析結果を上位設計に戻すことを，**バックアノテーション**（back annotation）とよぶ．

8.5　ハードウェア記述言語

　1980年代まで集積回路設計は，回路図による設計が中心であった．回路図による設計は，上述したRTL記述やゲートレベル記述の設計に相当する．しかし，集積回路が大規模になるにつれて図面量が増加し，各設計現場での図面管理が難しくなった．また，回路図の標準化も現実的にはあまり進まず，設計した回路に**知的財産**（IP: intellectual property）としての価値を十分に付加することも難しくなった．

　これに対して1990年代に入り，回路を**標準化**された文法をもつ言語によって設計する動きが加速した．標準化された言語で回路を設計することにより，図面のもつ問

題点を解決することができる．この言語はハードウェア記述言語（HDL: hardware description language）とよばれる．現在，世界的に広く用いられている HDL は，VHDL と Verilog HDL の二つである．

なお，前節で説明したように，HDL で記述したファイルを作成した後は，このファイルをシミュレータに入力することで，回路の機能や動作のシミュレーションを行う．さらに，このファイルを論理合成ツールに入力することで，ネットリストが生成される．

8.5.1　VHDL と Verilog HDL

　VHDL は，1980 年代初めにスタートした米国国防総省（DoD）の VHSIC（very high speed integrated circuits）プロジェクトで開発された言語である．VHDL のもともとの目的は，このプロジェクトに関係する半導体集積回路メーカ各社の回路表現を統一することであった．VHDL は，1987 年 12 月に IEEE Std.1076-1987[*1] として標準化された．そして 1993 年にはさらに拡張され，IEEE Std.1164-1993 として標準化されている．

　一方，Verilog HDL は，米国の企業であるゲートウェイ・デザイン・オートメーション社（Gateway Design Automation Inc.）が，同社の論理回路シミュレータ Verilog XL のために 1984 年頃に開発した回路記述用の言語である．Verilog HDL も，IEEE Std.1364 として標準化されている．

　両言語とも，RTL 記述とゲートレベル記述に用いられ，さらに，ある程度の動作記述（動作レベル記述）も可能である．そして，両言語には以下の二つの記述のスタイル（形式）がある．

① **機能記述型**のスタイル：
　　動作や機能を記述するスタイルであり，動作レベルの記述と RTL 記述に対応する．

② **構造記述型**のスタイル：
　　ブロックやセル，ゲートなどの結線を記述するスタイルであり，ゲートレベル記述に対応する．

　以下では，VHDL について，その基本的な記述構造を説明し，いくつかの記述例を示す．

[*1] IEEE（Institute of Electrical and Electronic Engineers）は，アメリカで設立された，世界最大の電気・電子分野の専門組織である．

8.5.2 VHDL の基本的な記述構造

記述構造の基本は，ライブラリ宣言，エンティティ宣言，アーキテクチャ宣言の三つから構成される．図 8.23 にこれらの書式を示す．

```
library ライブラリ名；
use ライブラリ名.パッケージ名；
```

（a）ライブラリ宣言

```
entity エンティティ名 is
    port（ポート名 : モード型  データ型）；
end エンティティ名；
```

（b）エンティティ宣言

```
architecture アーキテクチャ名 of エンティティ名 is
    ［信号宣言］
begin
    ［動作・機能・構造宣言］
end アーキテクチャ名；
```

（c）アーキテクチャ宣言

図 8.23　VHDL による記述の基本構成と書式

・ライブラリ宣言

　使用するライブラリやパッケージの呼び出しであり，C 言語における `include` 文に相当する．ライブラリ名とライブラリ内のパッケージ名を記述する．

・エンティティ宣言

　設計する回路に名前（エンティティ名）をつけ，回路の外部との入出力信号（端子）を記述する．ポート名は入出力端子名で，モード型は信号の方向（入力，出力，双方向）の記述である．また，データ型は信号が 1 ビットなのか多ビット（信号線の束）なのかを記述する．

・アーキテクチャ宣言

　エンティティ宣言で定義した回路の動作，機能を記述する．回路内部の配線名を明示する必要がある場合は，信号宣言部で記述する．そして `begin` 以降に，回路の具体的な動作，機能，構造を記述する．記述の抽象度は，すでに述べたとおり，動作レベル記述，RTL 記述，ゲートレベル記述が可能である．

　なお，エンティティ宣言で定義した一つの回路に対して，複数のアーキテクチャ宣言が可能である．すなわち，一つの回路に対して，たとえば，動作レベル記述

でのアーキテクチャ宣言とRTL記述でのアーキテクチャ宣言が可能である．どちらのアーキテクチャを使用するかは，コンフィギュレーション宣言（図8.23には記載していない）で選択する．

このように複数の抽象度で回路を記述しておくことができ，それぞれに異なった任意のアーキテクチャ名をつけることができる．

8.5.3　記述例1 ── 半加算器

組合せ回路の例として，**半加算器**をとりあげる．半加算器は，8.3.1項でも説明したように，桁上げ入力のない2進数1桁の加算である．**図8.24**（a）に真理値表を示す．aとbを入力として，加算結果sと桁上げcが出力である．そして，半加算器を機能ブロックレベルで示した回路図が図（b）であり，基本ゲートによる回路図が図（c）である．

a	b	s	c
0	0	0	0
1	0	1	0
0	1	1	0
1	1	0	1

（a）真理値表

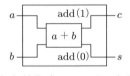
（b）機能ブロックによる表現

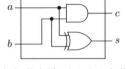
（c）基本ゲートによる表現

図 **8.24**　半加算器の回路図表現

図8.25に半加算器のVHDLによるRTL記述を示す．これは，機能ブロックレベルの回路図（図8.24（b））に対応し，機能記述型のスタイルである．なお，これは半加算器だけを示した例であるためレジスタの記載はないが，実際はデータを保持するレジスタが追加され，レジスタ間のデータ転送が表現されるRTL記述となる．

ライブラリ宣言では，三つのパッケージを指定している．エンティティ宣言では，この回路のエンティティ名を`half-adder`と宣言している．そして信号a, b, s, cのうち，aとbは入力信号（`in`）であり，sとcは出力信号（`out`）であること，さらに，`std_logic`と記述することで，1ビットの論理値のデータ型であることを宣言している．

8.5 ハードウェア記述言語

```
library IEEE;
use IEEE.std_logic_1164.all;
use IEEE.std_logic_arith.all;
use IEEE.std_logic_unsigned.all;
```

（a）ライブラリ宣言

```
entity half-adder is
    port(
        a,b : in  std_logic;
        s,c : out std_logic);   ← データ型
end half-adder;
```

（b）エンティティ宣言

```
architecture RTL of half-adder is

    signal add : std_logic_vector(1 downto 0);
begin                            ← 内部信号宣言
    add <= ('0' & a) + ('0' & b);
    s <= add(0);
    c <= add(1);

end RTL;
```

（c）アーキテクチャ宣言

図 8.25 半加算器の VHDL 記述例（RTL 記述 —機能記述型のスタイル—）

アーキテクチャ宣言では，内部信号宣言（signal）で 2 ビットの内部信号 add を宣言している．ここで，std_logic_vector(1 downto 0) は，複数ビットの論理値を示すデータ型であることを宣言しており，1 downto 0 は add(0) と add(1) の 2 ビットを示している．機能宣言部（begin 以下）の

```
add <= ('0' & a) + ('0' & b);
```

における & は連接演算子であり，1 ビットの a と b の上位にそれぞれ 1 ビットの論理値 0 を連結して，2 ビット 0a と 0b を作成している．また，+ は 2 進数の加算演算子で，<= は代入記号であり，0a と 0b の加算結果を add に代入している．そして，

```
s <= add(0);
c <= add(1);
```

により，add の下位ビットと上位ビットをそれぞれ，エンティティ宣言で宣言した外部信号 s と c に接続（代入）している．

図 8.25 の RTL 記述に対して，**図 8.26** にゲートレベル記述による半加算器の記述

```
architecture structure of half-adder is

begin
    s <= a xor b;
    c <= a and b;

end structure;
```

アーキテクチャ宣言

図 8.26 半加算器の VHDL 記述例（ゲートレベル記述 ——構造記述型のスタイル——）

例を示す．ライブラリ宣言とエンティティ宣言は図 8.25 と同じであるため，アーキテクチャ宣言のみを示している．これは構造記述型のスタイルである．アーキテクチャ宣言では内部信号の宣言はなく，begin 以降の xor と and はそれぞれ排他的論理和（EX-OR）と論理積（AND）を行う論理演算子である．すなわち，

```
s <= a xor b;
c <= a and b;
```

は，a と b の排他的論理和を s に代入し，論理積を c に代入している．このようにゲートレベル記述は，まさに図 8.24（c）のゲートレベルの接続関係を言語により表現している．

8.5.4　記述例 2 —— D フリップフロップ

　D-FF（5.2.2 項参照）は，同期型順序回路を構成するうえで中心となる回路であり，その回路記号と真理値表は図 5.7 に示しているとおりである．ポジティブエッジ型の D-FF の VHDL 記述例を，**図 8.27** に示す．

　アーキテクチャ宣言の process() から end process までは process 文であり，() の中に記載された信号（この例では，クロック信号 clk）に変化が生じると，begin 以降の文をシーケンシャルに（順番に）実行する．この () 内には複数の信号を記載することができ，この複数の信号の記述はセンシティビティリストとよばれる．

　begin 以下の if() から end if までは if 文であり，C 言語などの if 文と同様に，() 内の条件が成立すると end if までの各文をシーケンシャルに実行する．この例の

```
clk'event and clk='1'
```

はクロック信号の立ち上がりを意味しており，立ち上がり（ポジティブエッジ）の瞬間に

```
library IEEE;
use IEEE.std_logic_1164.all;
use IEEE.std_logic_arith.all;
use IEEE.std_logic_unsigned.all;


entity D-FF is
    port(
        D,clk : in  std_logic;
        Q,QN  : out std_logic);
end D-FF;


architecture behavior of D-FF is

begin
process(clk)
    begin
        if(clk'event and clk='1') then
            Q  <= D;
            QN <= not D;
        end if;
end process;

end behavior;
```

図 8.27 D フリップフロップ（ポジティブエッジ型）の VHDL 記述例

```
Q  <= D;
QN <= not D;
```

により，入力 D が Q に，その反転（not）が QN に代入（転送）される．なお，クロックの立ち下がり（ネガティブエッジ）の記述は

```
clk'event and clk='0'
```

である．

8.5.5 記述例 3 —— カウンタ

図 8.28 にカウンタ（バイナリカウンタ）の VHDL 記述例を示す．この例は 3 ビットのカウンタであり，クロックの立ち上がりを数え，その数を 2 進数表示で出力する．回路（エンティティ名は 3bit-counter）の入力信号はクロック clk であり，出力 Q は 3 ビット

```
std_logic_vector(2 downto 0)
```

```
library IEEE;
use IEEE.std_logic_1164.all;
use IEEE.std_logic_arith.all;
use IEEE.std_logic_unsigned.all;


entity 3bit-counter is
    port(
        clk : in  std_logic;
        Q   : out std_logic_vector(2 downto 0));
end 3bit-counter;


architecture behavior of 3bit-counter is
    signal work : std_logic_vector(2 downto 0);
begin
process(clk)
    begin
        if(clk'event and clk='1') then
            work <= work + '1';
        end if;
end process;

    Q <= work;

end behavior;
```

図 **8.28** カウンタの VHDL 記述例

である.

D-FF の記述例と同様のクロックの立ち上がり時 (`clk'event and clk='1'`) に

　　work <= work + '1'

が実行され, work に '1' が加算される. なお, '1', '0' のようにシングルクォートで囲むことで論理値 1, 論理値 0 を表している (`clk='1'` も同様である). 複数ビットの場合は, "1010" のようにダブルクォートで囲む. ここで, 外部信号 Q に直接加算することはできない. このため, いったん内部信号 work に加算し, それを Q に代入している.

この例は 3 ビットのカウンタであるが, n ビットのカウンタでは, 記述をわずかに変更し, Q を n ビットにするだけでよい. 実際の回路では, n ビットカウンタを構成する D-FF の数は n 個であるため, ゲートレベルの回路図で表記した場合, n が増えるにつれて回路図は大規模化する. 一方, ハードウェア記述言語で記述した場合は, 記述量にほとんど変化はない. 一般に, ハードウェア記述言語を用いることで, このように大規模な回路もコンパクトに記述することができる.

例題 8.3 図 8.29 は,ある組合せ回路の VHDL による構造記述である.この組合せ回路はどのような機能をもつか述べなさい.

```
library IEEE;
use IEEE.std_logic_1164.all;
use IEEE.std_logic_arith.all;
use IEEE.std_logic_unsigned.all;


entity example is
    port(
        a,b,s : in  std_logic;
        c :     out std_logic);
end example;


architecture structure of example is

    signal x,y,z : std_logic;

begin
    x <= a and b;
    y <= a and s;
    z <= b and s;
    c <= x or y or z;

end structure;
```

図 8.29 組合せ回路の記述例(構造記述型のスタイル)

解 答 エンティティ宣言から信号 a, b, s は入力であり,信号 c は出力である.そして,アーキテクチャ宣言から,信号 s が 0 のとき,出力 c は入力 a と b の AND (a·b) を出力することがわかる.一方,信号 s が 1 のときは,出力 c は入力 a と b の OR (a+b) を出力する.すなわち,入力の AND と OR をセレクトして出力する機能をもつ回路を記述している.

例題 8.4 図 8.28 のカウンタを 8 ビットカウンタに変更する場合,どの記述をどのように変更すればよいか示しなさい.

解 答 論理値のデータ型を示す記述箇所(2 箇所)を以下のように変更する.

    std_logic_vector(2 downto 0)   →   std_logic_vector(7 downto 0)

なお,回路の名前(エンティティ名)を 3bit-counter から 8bit-counter に変更することが望ましい.

演習問題

8.1 一つのベーシックセル（図8.2）で2入力のNANDゲートを構成することができる．また，2入力のNORゲートも構成することができる．それぞれ，どのようなレイアウトパターンで構成することができるか示しなさい．

8.2 VHDLの論理演算子には図8.26で示した'xor'と'and'のほかにどのような論理演算子があるか調べなさい．

8.3 VHDLにおいて，三つの信号a, b, cに以下のように値が代入されている．

```
a<="100"
b<='1'
c<="0111"
```

このとき，zの値が10010111になるように，連接演算子'&'を用いてa, b, cをzに代入しなさい．

8.4 VHDLのwhen～else文について調べ，これを用いて，表8.4の真理値表を実現する組合せ論理回路をVHDLで記述しなさい．表は，3ビット（A_0～A_2）の2進数表記によって，8ビット（Y_0～Y_7）の中から1ビットを選択する（ある1ビットの論理値を1とする）回路である．この回路をデコーダ（decoder）回路とよぶ（この場合は，3ビットのデコーダ回路である）．* は don't care（1と0の両方）を示す．

なお，信号Eはイネーブル（enable）信号とよばれ，デコーダ回路を有効/無効にする信号である（表では$E=1$のときにデコーダ回路が動作し，$E=0$のときはデコーダ回路は無効となり，出力の8ビットはすべて0となる）．

表 8.4

入力				出力							
E	A_2	A_1	A_0	Y_7	Y_6	Y_5	Y_4	Y_3	Y_2	Y_1	Y_0
1	1	1	1	1	0	0	0	0	0	0	0
1	1	1	0	0	1	0	0	0	0	0	0
1	1	0	1	0	0	1	0	0	0	0	0
1	1	0	0	0	0	0	1	0	0	0	0
1	0	1	1	0	0	0	0	1	0	0	0
1	0	1	0	0	0	0	0	0	1	0	0
1	0	0	1	0	0	0	0	0	0	1	0
1	0	0	0	0	0	0	0	0	0	0	1
0	*	*	*	0	0	0	0	0	0	0	0

演習問題解答

【1章】

1.1 解図 1.1 により，動作点は $V_{\text{out}} = 8\,[\text{V}]$，$I = 2\,[\text{A}]$ である．これは，分圧の法則で解析的に求めた電圧

$$V_{\text{out}} = \frac{V_0}{R+r} \times R = \frac{12\,[\text{V}]}{(4+2)\,[\Omega]} \times 4\,[\Omega] = 8\,[\text{V}]$$

および合成抵抗から求めた電流

$$I = \frac{V_0}{R+r} = \frac{12\,[\text{V}]}{(4+2)\,[\Omega]} = 2\,[\text{A}]$$

と一致する．

1.2 $Z = \overline{(A+B) \cdot (C+D)}$

1.3 解図 1.2 に回路を示す．

1.4 $Z = \overline{A} \cdot B + A \cdot \overline{B}$ となり，これは，A と B の排他的論理和 $Z = \overline{A} \cdot B + A \cdot \overline{B} = A \oplus B$ である．

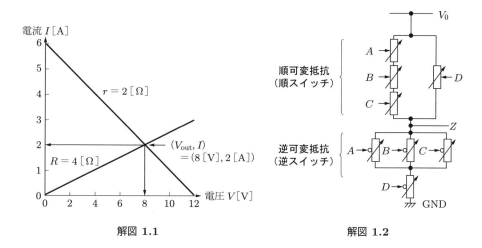

解図 1.1　　　　　解図 1.2

【2章】

2.1 $1.5 \times 10^{10} / 5 \times 10^{22} = 0.3 \times 10^{-12}$ より，オーダは $\sim 10^{-12}$ であり，$99.99\cdots 9\%$（9 の数が 12: twelve-nine）が目安とされている．現在は，eleven-nine が多く用いられている．

2.2 正孔はもともと伝導電子が抜け出た後の穴（仮想的な正の荷電粒子）なので，質量に変

化はない.

2.3 n 型と p 型の外因性半導体にするための不純物元素として，それぞれ，ヒ素（As）とアルミニウム（Al）が挙げられる．

2.4 ゲルマニウムは融点がシリコンより低いため，結晶成長が容易である．しかし，高温での特性劣化が大きく，pn 接合部での不純物濃度の変化が大きくなる．一方，結晶成長技術の進歩で融点が高いシリコンでも容易に結晶成長ができるようになり，シリコンの利用が高まった．また，集積回路化で重要な酸化膜が良質で，かつ安定して形成できることもシリコンが広く利用されるようになった理由である．

2.5 ダイオードには順方向電圧が印加されているので，一つのダイオードの両端には $V_b = 0.7\,[\mathrm{V}]$ の電位差が生じている．これより，抵抗 R $(1000\,[\Omega])$ の両端には，残りの 3.6 [V] $(= 5\,[\mathrm{V}] - 0.7\,[\mathrm{V}] \times 2)$ が生じている．よって，抵抗に流れる電流から電流 I を算出することができ，

$$I = \frac{3.6\,[\mathrm{V}]}{1000\,[\Omega]} = 0.0036\,[\mathrm{A}] = 3.6\,[\mathrm{mA}]$$

となる．

2.6 図 2.24（a）では，ダイオード D に順方向（$V_{\mathrm{AC}} > 0\,[\mathrm{V}]$）の電圧が加わったときのみ電流が流れるので，$V_{\mathrm{out}}$ は V_{AC} が半分けずられた波形（$V_{\mathrm{AC}} < 0\,[\mathrm{V}]$ のときは $V_{\mathrm{out}} = 0\,[\mathrm{V}]$）となる（**解図 2.1**（a））．さらに，図 2.24（b）のようにコンデンサ C が付加された場合，D に順方向（$V_{\mathrm{AC}} > 0\,[\mathrm{V}]$）の電圧が加わったときにコンデンサ C の充電放電が行われるため，解図（b）に示すように，直流電圧に近づいてくる．これが，ダイオードを用いて交流電圧を直流電圧に変換する**整流**の原理である．またこの原理は，テレビやラジオなどの電波（高周波信号）から映像信号や音声信号などの低周波信号を取り出す**検波**にも用いられる．

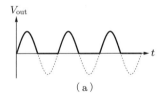 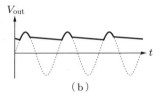

(a) (b)

解図 2.1

ダイオードはディジタル回路にはあまり利用されていないが，p 型半導体と n 型半導体を用いたもっとも基本的な電子素子であり，この例のように，アナログ回路では重要な役割を果たしている．

2.7 オン抵抗 r_{on} の定義（式 (2.21)）より，

$$r_{\mathrm{on}} \equiv \frac{1}{\frac{W}{L}\mu C_{OX}(V_G - V_{th})} = \frac{1}{\beta(V_G - V_{th})} = \frac{1}{\beta(3.0 - 1.2)} = 60 \times 10^3\,[\Omega]$$

よって，

$$\beta = \frac{1}{60 \times 10^3(3.0 - 1.2)} = 9.26 \times 10^{-6}\,[1/\Omega\mathrm{V}]$$

となる．これより，式 (2.16), (2.18) から，
$V_D \leq (V_G - 1.2)\,[\mathrm{V}]$ の範囲では
$$I_D = \frac{1}{2} \times 9.26 \times 10^{-3} \times \left\{ 2(V_G - 1.2)V_D - V_D^2 \right\} [\mathrm{mA}]$$
$V_D \geq (V_G - 1.2)\,[\mathrm{V}]$ の範囲では
$$I_D = \frac{1}{2} \times 9.26 \times 10^{-3} (V_G - 1.2)^2 \,[\mathrm{mA}]$$
となる．

2.8 まず，ゲート酸化膜を挟んだゲートの単位面積あたりの静電容量 C_{OX} は
$$C_{OX} = \frac{\varepsilon_r \varepsilon_0}{d} = \frac{3.9 \times 8.85 \times 10^{-14}}{600 \times 10^{-8}} = 57.5\,[\mathrm{nF/cm^2}]$$
である．これより，
$$\beta = \frac{W}{L}\mu C_{OX} = 5 \times 500\,[\mathrm{cm^2/V \cdot s}] \times 5.75 \times 10^{-8}\,[\mathrm{F/cm^2}]$$
$$= 1.44 \times 10^{-4}\,[1/\Omega \mathrm{V}]$$
となる．

2.9 $V_D = V_G$ であるため，まず $V_D(=V_G) < V_{th}$ と $V_D(=V_G) \geq V_{th}$ に分けられ，$V_D(=V_G) < V_{th}$ は遮断（カットオフ）領域である．また，$V_D(=V_G) \geq V_{th}$ では $V_D > V_G - V_{th}$ が常に成り立つため，飽和領域となる．したがって，それぞれの領域で，
$$V_D(=V_G) < V_{th} \text{ のとき，} I_D = 0$$
$$V_D(=V_G) \geq V_{th} \text{ のとき，} I_D = \frac{1}{2}\frac{W}{L}\mu C_{OX}(V_D - V_{th})^2 = \frac{1}{2}\beta(V_D - V_{th})^2$$
となり（**解図 2.2**），ダイオードのような特性を示す．

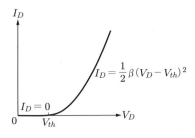

解図 **2.2**

【3章】

3.1 3.1.2 項の【設計手順】を参考に考える．
$$Z = \overline{(A \cdot B) + C}$$

3.2
（1）解図 **3.1**（a）．

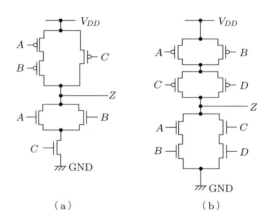

解図 3.1

（2） 解図(b)．

3.3 前章の【演習問題 2.9】より，負荷抵抗としての負荷 MOS トランジスタ（2 端子素子）の動作曲線は解図 2.2 となる．これに対して，ドライバ（駆動側の）MOS トランジスタの動作曲線は図 2.17 である．したがって，**解図 3.2** に示すように，負荷 MOS トランジスタの動作曲線は一定であり，ドライバ MOS の動作曲線はゲート電圧 V_G（$V_{G1} \Leftrightarrow V_{G5}$）によって変化し，動作点 V_{high} と V_{low} が決定される．

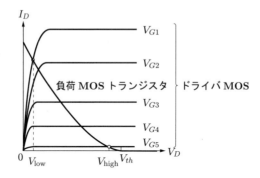

解図 3.2

なお，解図 2.2 に示す単体の nMOS トランジスタと図 3.11（a）の nMOS トランジスタではバックゲート電圧（基板電位に対するソース電位）が異なるため，V_{th} は同じでない（わずかなずれが生じる）ことに注意されたい．

3.4 2 入力（A と B）の排他的論理和は

$$Z = A \oplus B = \overline{A} \cdot B + A \cdot \overline{B}$$

である．さらに，右辺に $\overline{A} \cdot A + \overline{B} \cdot B$ の論理和を加えても等式は成り立つので，

$$Z = A \oplus B = \overline{A} \cdot B + \overline{A} \cdot A + \overline{B} \cdot B + A \cdot \overline{B} = (A + B) \cdot (\overline{A} + \overline{B})$$

と変形できる．ド・モルガンの法則より，

$$Z = (A+B) \cdot (\overline{A}+\overline{B}) = \overline{\overline{(A+B) \cdot (\overline{A}+\overline{B})}} = \overline{\overline{(A+B)} + \overline{(\overline{A}+\overline{B})}}$$
$$= \overline{\overline{(A+B)} + (A \cdot B)}$$

であるので，これより排他的論理和は，2入力NAND，2入力NOR，NOTの三つの基本ゲートを用いて，**解図3.3**のように展開できる（表せる）．2入力NAND，2入力NORはそれぞれ4個のMOSトランジスタ，NOTは2個のMOSトランジスタで実現できるため，解図のようにゲートレベル設計によって実現した2入力排他的論理和のMOSトランジスタ数は，14個（4トランジスタ×3＋2トランジスタ×1）である．

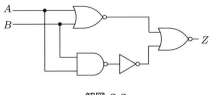

解図 3.3

3.5 2入力の排他的論理和（EX-OR）である．8個のMOSトランジスタで2入力の排他的論理和が実現できており，【演習問題3.4】と比較されたい．なお，CMOS論理回路の複合ゲートを用いた場合，2入力の排他的論理和は10個のMOSトランジスタで実現できる．

3.6 一方のゲートの出力がHighでもう一方のゲートの出力がLowとなった場合，HighとLowがぶつかって出力値が定まらない．また，そのような状態はQ_1とQ_4が両方ともオン，あるいは，Q_2とQ_3が両方ともオンになっており，電源からグランドに向けて過大な電流が流れ，正常に回路が動作しなくなる．

解図3.4のように，1本の配線に複数の論理ゲートを接続して情報を伝達する配線経路をバス（bus）とよぶ．このバス（1ビット）を複数本束ねることで，32ビットや64ビットのデータバスが構成される．バスのなかでも**双方向バス**は重要であり，双方向バスでは，解図に示すように，一つの論理回路（図では"論理回路1"）がデータを送信し，ほかの論理回路がそのデータを受信する．

ここで，バスの回路を構成するため図3.27（a），（b）のように出力回路を直接バス配線に接続することは，上記の理由からできない．双方向のバスを構成するためには，つぎの【演習問題3.7】に示すような回路が必要である．

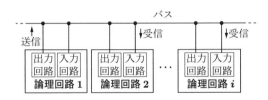

解図 3.4

3.7 解表 3.1 に真理値表を示す。V_C が High のときは二つのトランジスタが両方ともオフとなり、両トランジスタとも高抵抗状態（これを**ハイインピーダンス状態**とよび、**High-Z** と記す）となる。したがって、V_out に別の回路を接続しても、その別の回路に電流を流し出すことも流し込むこともない。すなわち、別の回路には何も接続されていないものと同じになる（V_out の電位は、接続した別の回路によって決まる）。

解表 3.1

V_C	V_in	V_A	V_B	Q_1	Q_2	V_out
Low	Low	High	High	オフ	オン	Low
Low	High	Low	Low	オン	オフ	High
High	Low	High	Low	オフ	オフ	High-Z
High	High	High	Low	オフ	オフ	High-Z

一方、V_C が Low のときはバッファとして動作する（入力値はそのまま出力値となる）。この回路は **3 ステート（トライステート）ゲート**よばれる（**3 ステートバッファ**ともよばれる）。3 ステートゲートの回路記号は**解図 3.5** であり、通常の論理ゲートの High と Low の二つの出力に加え、高抵抗状態（High-Z）があり、合計で三つの出力状態があるため、このようによばれる。

3 ステートゲート（3 ステートバッファ）

解図 3.5

3 ステートゲートを用いることで、【演習問題 3.6】の問題が解決できる。すなわち、3 ステートゲートを介して出力回路どうしを**解図 3.6** のようにバス配線に接続する。ここで、データを送信する論理回路 1 の 3 ステートゲートはバッファとして出力値を出力（送信）し、論理回路 1 以外のすべての論理回路の 3 ステートゲートを高抵抗（High-Z）状態とすることで、【演習問題 3.6】に示す出力どうしの接続問題を回避して、双方向バス回路を構成することが可能となる。

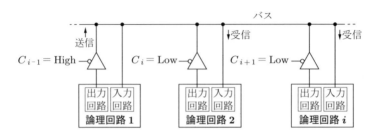

解図 3.6

3.8 $Z = A \cdot B$

図 3.29 (a) の破線内に示す TTL 回路 (トランジスタ Q_3, ダイオード D_1, 抵抗 r_4 を取り去った回路) を**オープン・コレクタ回路**とよぶ. オープン・コレクタ回路を用いることにより, 出力どうしを接続することができ, かつ, 結線しただけで $Z = A \cdot B$ の AND ゲートを実現している.

このように, 結線により論理ゲートを実現する手法は**結線論理** (wired logic) とよばれ, この場合は wired AND とよばれる. 結線により AND ゲートを実現していることから, 回路図では**解図 3.7** のように示すことがある. オープン・コレクタ回路により結線論理を実現することができ, かつ出力どうしを接続できるので,【演習問題 3.6】で解説したバス回路を構成することが可能となる. なお, MOS トランジスタでは, 負荷トランジスタ (負荷抵抗) を取り去った**オープン・ドレイン回路**で同様の機能を実現することができる.

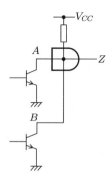

解図 **3.7**

【4 章】

4.1
$$\tau = r_{pon} \times C = r_{non} \times C = 10\,[\text{k}\Omega] \times 10\,[\text{fF}] = 10 \times 10^3 \times 10 \times 10^{-15}$$
$$= 1 \times 10^{-10} = 100\,[\text{ps}]$$

また,
$$\frac{1}{2}V = Ve^{-t_{pd}/\tau}$$

より,
$$\ln\left(\frac{1}{2}\right) = -\frac{t_{pd}}{\tau}$$

となる. 以上より,
$$t_{pd} = -\tau \ln\left(\frac{1}{2}\right) = 100\,[\text{ps}] \times 0.693 = 69.3\,[\text{ps}]$$

と求められる.

4.2
$$\frac{v(t=\tau)}{V} = 1 - e^{-\tau/\tau} = 1 - e^{-1} = 0.63$$
$$\frac{v(t=2\tau)}{V} = 1 - e^{-2\tau/\tau} = 1 - e^{-2} = 0.86$$
$$\frac{v(t=3\tau)}{V} = 1 - e^{-3\tau/\tau} = 1 - e^{-3} = 0.95$$

より，τ（時定数），2τ，3τ 時間後にそれぞれ，論理振幅の 63%，86%，95% に達する（**解図 4.1** に，立ち上がりの場合の電圧値を示す）．

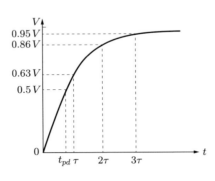

解図 4.1

4.3 式 (4.25) より，一つの論理ゲートの消費電力は
$$P = CV^2 f = 10 \times 10^{-15}\,[\mathrm{F}] \times 2^2\,[\mathrm{V}] \times 1 \times 10^9\,[\mathrm{Hz}] = 4 \times 10^{-5}\,[\mathrm{W}]$$
と計算できる．これより，集積回路の消費電力は，
$$P_{LSI} = P \times 1 \times 10^8 \times 1\% = 4 \times 10^{-5}\,[\mathrm{W}] \times 1 \times 10^8 \times 1 \times 10^{-2} = 40\,[\mathrm{W}]$$
と計算できる．

4.4 ゲーテッド・クロックによるクロック供給の回路例とそのタイミングチャートを**解図 4.2**（a）に示す．通常のクロック供給では，クロックがフリップフロップ群に直接供給されるのに対して，ゲーテッド・クロックでは，CE（クロック・イネーブル信号）によってクロックを供給するか否かを制御する（CE が High のときのみクロックが供給される）．

ここで，図中の同期用フリップフロップは，タイミングチャートに示すように，CE とクロック信号の同期をとるために必要である．もし，同期用フリップフロップがなかった場合を考えてみよう（解図（b））．CE とクロック信号は同期していないため，解図中のタイミングチャートに示すように，CE のタイミングによっては，時間が短くて不完全なクロック（ひげ状のパルス）が発生し，誤動作の原因となる．これを防止するために，解図（a）では同期用フリップフロップを設けている．

なお，図に示すようなひげ状のパルスは，**グリッチノイズ**（glitch noise）とよばれる．本例だけではなく，一般に論理回路では，各信号のタイミングによってグリッチノイズがしばしば発生する．このため，グリッチノイズを発生させないように，各信号のタイミングをよく検討する必要がある．

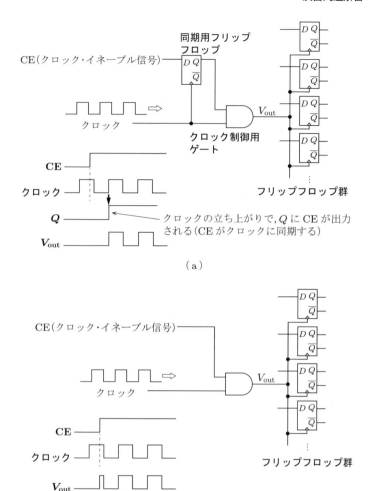

解図 4.2

4.5 解図 4.3 に回路例を示す．通常のゲート回路（この場合，2 入力 NAND ゲート）とグランドの間に電源遮断用のゲート（トランジスタ）を挿入している．これにより，2 入力 NAND ゲートを使わないときは，電源遮断用のトランジスタをオフにすることで，2 入力 NAND ゲートを介して電源からグランドに流れるリーク電流 I_{sub} を遮断することができる．なお，電源遮断用トランジスタにリーク電流 I_{sub} が流れてしまっては意味がない．このため，電源遮断用トランジスタの V_{th} を 2 入力 NAND ゲート用のトランジスタの V_{th} より十分高くすることで I_{sub} が流れることを防止している．

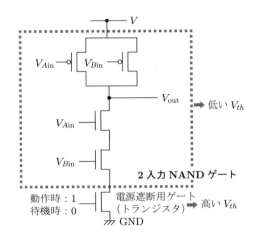

解図 4.3

4.6 電流 $I(t)$ と電荷 $Q(t)$ の関係は $I(t) = dQ/dt$ であり，これより電流が一定であれば，$Q = It$ である．これに $Q = CV$ を代入して $t = CV/I$ と表せる（コンデンサ C を電流 I で充電する時間が求まる）．したがって，電流 $I_{D\max}$（式 (2.18)）でコンデンサ $C = C_{OX}WL$ を満充電にするのにかかる時間 t_d は

$$t_d = \frac{C_{OX}WL}{I_{D\max}}V_{DD}$$

と計算される．一方，$1/k$ 倍にスケーリングした後の電流 $I'_{D\max}$ は

$$I'_{D\max} = \frac{1}{2}\frac{\left(\frac{1}{k}W\right)}{\left(\frac{1}{k}L\right)}\mu(kC_{OX})\left(\frac{1}{k}V_{DD}\right)^2 = \frac{1}{k}I_{D\max}$$

であり，この電流でコンデンサ $C' = (kC_{OX})(W/k)(L/k)$ を満充電にするのにかかる時間 t'_d は

$$t'_d = \frac{(kC_{OX})\left(\frac{W}{k}\right)\left(\frac{L}{k}\right)}{\left(\frac{1}{k}I_{D\max}\right)}\left(\frac{V_{DD}}{k}\right) = \frac{1}{k}\frac{C_{OX}WL}{I_{D\max}}V_{DD} = \frac{1}{k}t_d$$

と計算される．例題 4.3 では，表 4.3 に示すスケーリングにより時定数 τ が $1/k$ 倍になることを示したが，この演習問題の結果から，満充電にするまでの時間 t_d も $1/k$ 倍になることがわかる（完全に放電するまでにかかる時間も同様に計算され，$1/k$ 倍になる）．これらの結果から，動作速度（遅延速度）が k 倍（$1/k$ 倍）になること（表 4.3 の結果）がよく理解できる．

4.7 トランジスタの面積は，ゲート長 L とゲート幅 W をそれぞれ $1/k$ 倍とすることにより，$1/k^2$ 倍となる．したがって，トランジスタの集積度は k^2 倍となる．

素子あたりのダイナミックな消費電力 P_{tr} は

と計算（近似）できる．ここで $1/k$ 倍にスケーリングすることで，【演習問題 4.6】に示したように，$I_{D\max}$ は $1/k$ 倍となる．よって，

$$P'_{tr} = \left(\frac{I_{D\max}}{k}\right) \times \left(\frac{V_{DD}}{k}\right) = \frac{1}{k^2}P_{tr}$$

となる（素子あたりのダイナミックな消費電力は $1/k^2$ となる）．

したがって，トランジスタの集積度は k^2 倍，素子あたりのダイナミックな消費電力は $1/k^2$ であることから，集積回路チップの単位面積あたりのダイナミックな消費電力はスケーリング後も変化なく，スケール比は 1 となる．

【5 章】

5.1 D ラッチの真理値表（図 5.6）から，タイミングチャートは**解図 5.1** となる．

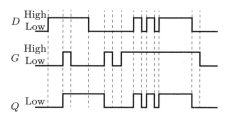

解図 5.1

5.2 SR ラッチの真理値表（図 5.9）から，タイミングチャートは**解図 5.2** となる．

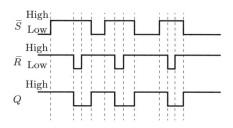

解図 5.2

5.3 制御信号 G の時間隔が長いと，**解図 5.3** に示すように，データが D ラッチを一つずつ転送されるのではなく，隣の D ラッチを通過してその先の D ラッチまで転送されてしまうという問題点がある．この現象は，**レーシング**（racing）とよばれる[*1]．

解決方法としては，D ラッチの代わりに 5.2.2 項で述べた D フリップフロップを用い

[*1] D ラッチを通常の順序回路に用いた場合は，D ラッチと D ラッチの間に組合せ論理回路（何段もの論理ゲート）がある．このため，組合せ論理回路の遅延時間を適切に調整するタイミング設計により，レーシングのようなデータの筒抜けを防ぐことができる．しかし，シフトレジスタのような D ラッチ間の遅延時間の短い回路では，レーシングを回避するタイミング設計が難しくなる．

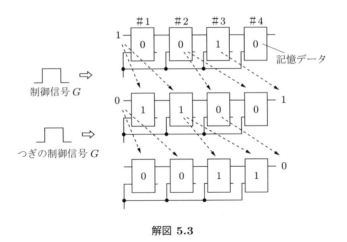

解図 5.3

ることが挙げられる．D フリップフロップは制御信号 G の立ち上がりの瞬間（ポジティブエッジ），または立ち下がりの瞬間（ネガティブエッジ）のみ出力が変化し，それ以外では出力は変化しない．これにより，レーシングを避けることができる．

5.4 解図 5.4 に，D ラッチを用いた D フリップフロップを示す．2 個の D ラッチをカスケード接続しており，前段と後段の CK が反転していることに注意されたい．D ラッチ（図 5.5）の場合，

$G = $ High の間：$D(n)$ を取り込み，Q に $D(n)$ を出力する
$G = $ Low の間：$D(n)$ を保持し，Q に $D(n)$ を出力する

となる．このため，$G = $ High の間，入力 D が出力 Q に筒抜けになってしまう．これがレーシングの原因である．

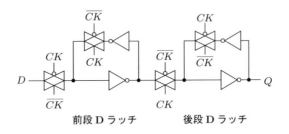

解図 5.4

D フリップフロップの場合，前段と後段の D ラッチでデータの取り込みと保持が逆転して動作するため，

$CK = $ Low の間：
  前段の D ラッチ：$D(n)$ を取り込む
  後段の D ラッチ：Q に $D(n-1)$ を出力する（$D(n)$ を出力することはない）
$CK = $ High の間：
  前段の D ラッチ：$D(n)$ の保持

後段の D ラッチ：Q に $D(n)$ を出力する

となる．このため，入力 D が出力 Q に筒抜けになることはなく，解図の場合，CK の立ち上がりの瞬間（ポジティブエッジ）に入力 D が出力 Q に現れ，それ以外の時間は出力値は保持されたままとなる（入力によって出力が変化することはない）．

5.5 メモリセル一つの面積 A は，
$$A = \frac{5 \times 5\,[\text{mm}^2]}{1 \times 10^9} = 25 \times 10^{-9}\,[\text{mm}^2] = 25 \times 10^{-3}\,[\mu\text{m}^2]$$
である．メモリセル C の容量は，
$$C = \frac{\varepsilon_{OX}\varepsilon}{t_d} \times A = \frac{4 \times 8.85 \times 10^{-12}\,[\text{F/m}]}{10\,[\text{nm}]} \times 25 \times 10^{-3}\,[\mu\text{m}^2]$$
$$= \frac{4 \times 8.85 \times 10^{-21}\,[\text{F/nm}]}{10\,[\text{nm}]} \times 25 \times 10^{3}\,[\text{nm}^2]$$
$$= 8.85 \times 10^{-17}\,[\text{F}] = 8.85 \times 10^{-2}\,[\text{fF}]$$
である．本問題の二つの仮定では，コンデンサ C の電極面積を実際より大きく見積もっており，実際の静電容量はこれより小さな値となる．

5.6 【演習問題 5.5】の結果（$C = 8.85 \times 10^{-2}\,[\text{fF}]$）から，コンデンサ C の容量を約 340 倍にしないと 30 fF に達しない．C の増加のために図 5.21 に示すトレンチ構造などが用いられており，トレンチ（溝）の側面をコンデンサの電極とすることにより，メモリセルの面積を増やさずにコンデンサの電極面積を増やすことができる．また，比誘電率の高い絶縁体膜材料を用いることで，静電容量を増やすことができる．

5.7 コンデンサに蓄えられる電荷量 Q は，
$$Q = CV = 30\,[\text{fF}] \times 2.5\,[\text{V}] = 75\,[\text{fC}] = 7.5 \times 10^{-14}\,[\text{C}]$$
である．電子の電荷（素電荷）は $q_e = 1.6 \times 10^{-19}\,[\text{C}]$ であることから，電子の総数 N_e は
$$N_e = \frac{Q}{q_e} = \frac{7.5 \times 10^{-14}\,[\text{C}]}{1.6 \times 10^{-19}\,[\text{C}]} = 4.7 \times 10^5$$
と計算される．これより，約 50 万個の電子で 1 ビットの情報を記憶している．

5.8 酸化タンタル（Ta_2O_5）や酸化ハフニウム（HfO_2）などの比誘電率は 20 程度であり，シリコン酸化膜（SiO_2）の比誘電率に比べて 5 倍程度高い．酸化タンタルや酸化ハフニウムを用いる理由は，その高比誘電率によって，メモリセルのコンデンサの静電容量 C を増加させ，1 ビットを記憶する電荷量を増やすことで，信頼性を向上させるためである．

【6 章】

6.1 トランジスタは導電性をもつシリコン基板上に形成されるため，トランジスタどうしにチャネルが形成されて導通してしまうことを防ぐ必要がある．酸化膜（フィールド酸化膜）は，この導通を防ぐための素子分離の役目を果たす．

6.2 MOS トランジスタでは，図 2.8 に示すように，その電流（I_D）はシリコン基板表面のみを流れる．一方，バイポーラトランジスタでは，図 2.21 に示すように，電流（I_C）はベース領域を貫いて流れる．したがって，シリコン基板の表面だけではなく，ベース領域全面を貫くように電流が流れる構造が必要である．

このため，図 6.5 に示すように，コレクタから流れ出た電流が，エミッタ電極直下で基板表面に方向を変え，垂直にベース領域（p^+ 領域）全面を貫くように流れる構造となる．

以上の理由から，バイポーラトランジスタを実際にシリコン基板上に製造する場合，その構造は MOS トランジスタより複雑となる．

6.3 ポリシリコンのゲート電極の上に金属（Mo, W, Ti, Co, Ni など）と Si を堆積し，熱処理することで，ポリシリコンの一部を MoSi や TiSi などのポリシリコンよりも低抵抗な材質に変えることで低抵抗化を図る．

なお，MoSi, WSi を用いたポリシリコン電極は**ポリサイド電極**，TiSi, CoSi, NiSi を用いた電極は**シリサイド電極**とよばれる．

6.4 Intel 社の創設者の一人であるゴードン・ムーア（Gorden E. Moore）が 1965 年に提唱した経験則であり，微細化技術の発展により，"集積回路に集積されるトランジスタ数は 1 年半から 2 年で 2 倍になる" と唱えている．"法則" とよばれているが，あくまで経験則である．

なお近年になり，ムーアの法則の限界が活発に議論されるようになった．諸説はあるが，微細化技術の限界や半導体製造コストの観点から，2020 年頃にはムーアの法則の限界がくるともいわれている．

6.5 シリコン基板の表面に MOS トランジスタを形成するのではなく，絶縁体（insulator）基板表面やシリコン基板上に形成した絶縁体膜表面に MOS トランジスタを製造する技術である．SOI を用いると，シリコン基板の表面にトランジスタを形成する構造よりもトランジスタと基板間の浮遊容量やリーク電流を減らすことができ，高速化や低消費電力化が可能となる．

6.6 シリコン結晶中のキャリヤ（伝導電子と正孔）の移動度は，結晶に強い応力（結晶がひずむことで発生する力）を与えることで変化する．伝導電子の移動度は，結晶に強い引張応力を与えたときに増加する．一方，正孔の移動度は，結晶に強い圧縮応力を与えたときに増加する．この性質を利用してキャリヤの移動度を増加させ，動作を高速化したトランジスタがひずみトランジスタである．具体的には，MOS トランジスタ上に SiN などの薄膜を形成し，結晶をひずませることで応力を調整する技術が用いられる．

6.7 基本的な MOS トランジスタは一つのゲート電極から構成され，ゲート電極の下に一つのチャネルが形成される．マルチゲートトランジスタは，基本的な MOS トランジスタのサイズを保ったまま，ゲート（チャネル）を複数個にした MOS トランジスタである．これにより，トランジスタの微細化を保ったまま性能を向上させる（動作速度の向上やリーク電流の低減を実現する）ことができる．

FIN トランジスタ（FIN-FET）はマルチゲートトランジスタの一つであり，トランジスタを 3 次元構造にすることで，三つのゲート（チャネル）をもつ構造を実現した MOS トランジスタである．形状が魚の背びれ（fin）に似ていることからこのようによばれている．

【7章】

7.1 ムーアの法則はディジタル集積回路を対象とした経験則である．一方，集積化技術の向上により，集積回路は，プロセッサやメモリ，入出力回路などのディジタルシステムだけではなく，さらにRF（高周波）通信回路などのアナログ回路やセンサ，アクチュエータ，電力回路素子などシステム全体を集積するようになってきた．このような集積回路をシステムLSIとよぶ（詳細は8章に記載する）．

ここで，システムLSIに集積されるアナログ回路やセンサ，アクチュエータなどにはムーアの法則は必ずしも適用できない．このため，ディジタル集積回路からシステムLSIへの進展を，ムーアの法則の観点からモア・ザン・ムーアとよんでいる．

一方，システムLSIの実現には，ディジタル集積回路に用いられる半導体製造プロセス以外のプロセスも必要となり，技術的な難易度が高くなる．このため，システムLSIとしてすべてを半導体技術で集積する技術と並行して，MCP（multi chip package）やPoP（package on package）などのSiP（system in package）に基づく実装技術を用いることにより，システムLSIとほぼ同等な高集積システムを製品化する技術開発も活発に進められている．

7.2 レントの法則は，IBM社の技術者E. F. Rentによって1960年代に提唱された経験則であり，ディジタル集積回路の入出力ピン数Pとゲート数Gの間には，C, γを定数として，

$$P = C \cdot G^\gamma \quad (0 < \gamma < 1)$$

の関係があることを唱えたものである．プロセッサなどの論理回路を複数の集積回路に分割（複数のブロックに論理分割）して，それらの入出力ピンの数Pとゲート数Gを両対数グラフにプロットすると，PとGの関係が大まかに直線で近似できることを示している（直線の傾きがγとなる）．"法則"とよばれているがあくまで経験則であり，対象とした論理回路によってγは異なる．

集積回路の設計では，必ずその集積回路の入出力ピン数を考慮して回路設計を行わなくてはならない．そして実際の設計では，LSIの入出力ピン数が設計した回路の入出力ピン数に足らず，回路設計が完了しないケースが多々発生する．このため，回路規模からその必要入出力ピン数を見積もることは大切であり，レントの法則は大まかな見積もりを与える経験則として有効である．

一方，集積度が向上してシステム全体を1チップに集積できるようになった現在では，レントの法則からのずれも発生するため，一つの目安としてレントの法則を用いる傾向にある．

7.3 プリント基板内の配線を伝わる信号の伝送速度vは$v = c/\sqrt{\varepsilon_r}$である（$c$は真空中の光の速度で，$\varepsilon_r$は絶縁材料の比誘電率である）．これより，絶縁体が低比誘電率であるほど伝送速度が速くなる．このため，広く用いられているガラス繊維（$\varepsilon_r \simeq 4.7$）に対して，高速動作が必要な電子機器（たとえば，スーパーコンピュータなど）のプリント基板では，ポリイミド（$\varepsilon_r \simeq 3.5$）などの低比誘電体絶縁材料が用いられる[*1]．

7.4 信号に含まれる波長が配線の長さに近くなると，信号の波の性質が表れる．この場合，配線を伝送線として設計する必要がある（キャパシタンスCとインダクタンスL，抵抗

[*1] 正確には，比誘電率は伝送信号の周波数や温度，製造プロセスに依存する．

R による分布定数回路，さらには，電磁的な伝送路として設計する必要がある）．一方，波長が配線よりも十分長ければ，配線は時定数 CR の集中定数回路として設計できる．

たとえば，1 GHz のクロック信号の基本波長はプリント基板やシリコン基板上では約 15 cm 程度（真空中の約半分程度）であり，高調波成分を考慮すると約 3 cm 程度である[*2]．この波長はプリント基板の配線長と十分等しい程度であり，したがって，プリント基板上の高速信号用配線は，伝送線として設計する必要がある．

一方，LSI チップの中の配線は長くても 1 cm 程度であり，まだ集中定数回路として設計できる長さである．しかし，今後その動作周波数が上がれば，LSI チップ内の配線も伝送線として設計する必要が生じる．

【8章】

8.1 解図 8.1, 解図 8.2 に，それぞれ 2 入力 NAND ゲート，2 入力 NOR ゲートのレイアウトパターンを示す．

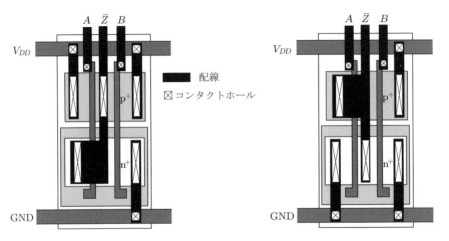

解図 8.1 ベーシックセルを用いた 2 入力 NAND ゲート

解図 8.2 ベーシックセルを用いた 2 入力 NOR ゲート

8.2 論理演算子には，xor, and のほか，or（論理和: OR），nand（否定論理積: NAND），nor（否定論理和: NOR），xnor（否定排他的論理和），not（否定: NOT）がある．

8.3 z は連接演算子 '&' と代入記号 <= を用いて

    z <= a & b & c

と表される．

[*2] 正確には，ディジタル信号の立ち上がり，立ち下がりの周波数成分を考慮する必要がある．

8.4 解図 8.3 に，VHDL の記述例を示す．

```
library IEEE;
use IEEE.std_logic_1164.all;
use IEEE.std_logic_arith.all;
use IEEE.std_logic_unsigned.all;


entity decoder is
    port(
        a  : in  std_logic_vector(2 downto 0);
        e  : in  std_logic;
        y0 : out std_logic;
        y1 : out std_logic;
        y2 : out std_logic;
        y3 : out std_logic;
        y4 : out std_logic;
        y5 : out std_logic;
        y6 : out std_logic;
        y7 : out std_logic);
end decoder;


architecture behavior of decoder is

    signal inbuf : std_logic_vector(3 downto 0);

begin

    inbuf <= e & a;

    y0 <= '1' when (inbuf = "1000") else '0';
    y1 <= '1' when (inbuf = "1001") else '0';
    y2 <= '1' when (inbuf = "1010") else '0';
    y3 <= '1' when (inbuf = "1011") else '0';
    y4 <= '1' when (inbuf = "1100") else '0';
    y5 <= '1' when (inbuf = "1101") else '0';
    y6 <= '1' when (inbuf = "1110") else '0';
    y7 <= '1' when (inbuf = "1111") else '0';

end behavior;
```

解図 8.3

索　引

英数

2 端子素子　22, 55, 196
3 次元 LSI　151
3 ステート（トライステート）ゲート　198
3 ステートバッファ　198
3 端子素子　8
4 端子素子　28
λ ルール　120
Ag ペースト　144
Al　113, 115, 121, 194
and　188
AND ゲート　2
Ar　133
As　194
ASIC　160
ASSP　160
Au　145
B　17
BGA　147
C　178
C++　178
CAD　120, 164, 166, 177, 183
CAS Latency　102
CMOS 論理回路　44
CMP 法　136
CPLD　171
Cr　122
CSP　148
Cu　115, 134
Cu 配線　134
CVD 法　133
CZ 法　128
C 言語ベース設計　178
DCTL　62
DIP　146
DRAM　83, 96
DTL　63
DVFS　76

D フリップフロップ　87, 188
D ラッチ　83
ECL　66
EEPROM　104
EMC　141
FBGA　148
FeRAM　90
FIN-FET　138, 206
FIN トランジスタ　138, 206
FPGA　171
FR グレード　152
Ge　42
HDL シミュレータ　180
HfO_2　111, 205
High-k 材料　78, 132
High-Z　198
IC　112
IEEE　184
if 文　188
LSI　112
MCM　149
MCP　149
MDTL　63
Moore's law　138
MOS トランジスタ　24
n^+ 領域　113
nand　208
NAND 型　106
NAND ゲート　7
nMOS トランジスタ　24
nMOS 論理回路　54
nor　208
NOR 型　106
NOR ゲート　7
not　208
NOT ゲート　2
npn バイポーラトランジスタ　39
n 型半導体　18

索引 211

n チャネル MOS トランジスタ　24
or　208
OR ゲート　2
P　17
p$^+$ アイソレーション領域　115
p$^+$ 領域　113
PGA　147
PI　141
PLD　159
pMOS トランジスタ　25
pnp バイポーラトランジスタ　39
pn 接合　20
PoP　149
process 文　188
PVD 法　133
p 型半導体　18
p チャネル MOS トランジスタ　24
QFP　144
RAM　90
RTL　63, 179
RTL 記述ファイル　179
RTL シミュレータ　180
SI　141
Si　16
SiO$_2$　111, 132
SiON 膜　132
SiP　148
SMT　146
SoC　158
SOI　138
SOP　146
SRAM　82, 92, 173
SR ラッチ　88
SSD　106
Ta$_2$O$_5$　111, 205
TAB 法　145
TSV　150
TTL　64
ULSI　112
USB メモリ　106
Verilog HDL　180, 184
VHDL　180, 184
VLSI　112
W　124
when〜else 文　192
WSI　151
xnor　208
xor　188

あ 行

アイランド型　172
アキシャル機　157
アーキテクチャ宣言　185
アクセプタ　18
圧縮　174
アッシング　132
後工程　140
アドレス信号　91
アドレスデコーダ　92
アドレスバス　91
アルゴン　133
アルミニウム　113, 115, 194
アンタイムド　178
イオン打ち込み法　135
イオン注入法　122, 135
一括消去　106
一般解　71
移動度（易動度）　32, 38, 74
イネーブル信号　192
イレブンナイン　128
インゴット　128
インターポーザ　151
ウェットエッチング　131
ウェーハ　120
ウェーハ検査　142
ウェーハテスタ　143
ウェル　44, 113
埋め込み層　115
エッチング　122, 131, 152
エポキシ樹脂　142, 152
エミッタ　40
エミッタ電流　41
エンティティ宣言　185
エンハンスメント型　36, 106
エンベデッドアレイ　164
オープン・コレクタ回路　199

オープン・ドレイン回路　199
オープンビットライン方式　99
オペランド・アイソレーション　76
オン抵抗　38

か行

外因性半導体　16
カウンタ　82, 189
書き換え可能集積回路　167
拡散現象　20
拡散長　41
加算演算子　187
カスケード接続　110
活性型論理回路　66
活性（非飽和）状態　65
可変抵抗　8
ガラス繊維　152
カレントホギング　63
貫通シリコンビア　150
貫通電流　49
貫通ビアホール　146, 154
記憶回路　82
帰還　84
木構造　173
寄生キャパシタンス　141
寄生静電容量　141
寄生バイポーラトランジスタ　114
機能記述型　184
機能検証　180
機能設計　177, 179
機能ブロック　164
揮発性　90
基板　24
基板電位　28
基板バイアス効果　28
基板バイアス制御　78
基本仕様　177
逆可変抵抗　9
逆スイッチ　3
逆方向接続　22, 28
キャッシュメモリ　82
キャリヤ　17
行アドレス選択　101

共晶接着法　144
強制空冷　75
強制空冷方式　141
行選択デコーダ　95
共有結合　16
局在化　17
金　145
金属膜　113, 121
空間電荷領域　20
空乏層　20
空冷フィン　141
組合せ回路　82, 167
グリッチノイズ　200
クリティカルパス　180
クリームハンダ　156
クリーンルーム　120
クロック　75
クロム　122
欠陥　137
欠陥救済技術　151
結晶　16
結線論理　199
ゲーテッド・クロック　76
ゲート　25
ゲートアレイ　56, 160
ゲート酸化膜　112, 132
ゲート長　31, 119
ゲート電圧　25
ゲート電極　113
ゲート幅　32
ゲート・リーク電流　78
ゲートレベル記述　181
ゲートレベル設計　55
ゲルマニウム　42
検証　177
現像　122, 131, 155
検波　194
研磨　128
コア　152
高位記述言語　177
高位合成ツール　180
構造記述型　184
高速信号伝送　157

高誘電率　132
コレクタ　40
コレクタ電流　41, 115
コンタクトプラグ　115, 122
コンタクトホール　113, 115
コンデンサ　25
コンフィギュレーション　175
コンフィギュレーション宣言　186

さ行

最外殻電子　16
再構成可能集積回路　167
サイズ変換　140
最適化設計　164, 165
サブストレート　24
サブスレショールド・リーク電流　77
酸化　132
酸化タンタル　111, 205
酸化ハフニウム　111, 205
酸化膜　112
ジェネラルセル　165
シー・オブ・ゲート型　163
しきい電圧　22, 26
システムLSI　158, 177
システム設計　177, 178
システムレベルシミュレータ　178
自然空冷　75
実装　139
時定数　74, 79
自動配置配線ツール　183
遮断状態　65
遮断（カットオフ）領域　35
ジャンクションFET　24
集積回路　1
集中定数回路　208
主記憶　82
縮小投影露光　130
樹脂材　152
順可変抵抗　9
順序回路　82, 170
順スイッチ　3
順方向接続　22
少数キャリヤ　18

冗長化設計　151
ショットキーダイオード　66
シリコン　16
シリコンウェーハ　127
シリコン基板　120
シリコン酸化膜　111, 132
シリコン酸窒化膜　132
シリサイド　121
シリサイド電極　206
シルク　156
真空蒸着法　133
信号宣言部　185
真性半導体　16
真理値表　2
スイッチ　2
スイッチマトリクス　172, 174
スイッチング　38
スイッチング確率　75
スイッチング速度　24
水冷方式　141
スキャナ　131
スケマティック　181
スケーリング則　79
スタティック（静的）な消費電力　77
スタンダードセル　165
ステッパ　130
ストリップライン　157
スパッタリング法　132, 133
スピンコータ　129
スルーホール　146, 154
寸法変換差　131
制御ゲート　105
制御信号　91
正孔　17
製造不良　137, 182
静的機能検証　180
静的タイミング検証　182
成膜　133
整流　194
正論理　5
積和標準形　167
絶縁体　16
絶縁破壊　80, 103, 121

214　索　引

絶縁膜　122
設計工数　158
接合（ジャンクション）温度　141
接合リーク電流　78
セットアップ時間　89
セミカスタム LSI　159
セラミック　142, 145
セル　159
セルフアライン法　122
セルベース IC　165
セルライブラリ　163, 165, 181
セレクタ回路　14, 58, 173
全加算回路　58
洗浄　136
センスアンプ回路　95, 97
専用集積回路　159
挿入実装型　145
双方向バス　197
ソケット　146
素子分離　113
ソース　25
ソース電極　113
素電荷　23
ソルダーレジスト　156

た　行

ダイ　143
ダイオード　20
ダイシング　143
堆積　121, 122
ダイナミック（動的）な消費電力　74
代入記号　187
ダイパッド　144
ダイボンディング　144
タイミング検証　182
タイミングシミュレータ　182
タイミング制約　183
タイミングチャート　101, 181
タイムド　179
多結晶シリコン　113, 127
多数キャリヤ　18
多層配線構造　115
多層プリント基板　153

立ち上がり　70, 87, 188
立ち下がり　70, 87, 189
ダミーセル　97
タングステン　124
単結晶構造　120
単結晶シリコン　128
遅延時間　70, 141, 183
チップマウンタ　157
知的財産　183
チャネル　26
チャネル温度　141
チャネル型　163
チャネル変調効果　35, 36
チャネルレス型　163
中性領域　20
直接投影露光　130
低欠陥　78
低電力テクノロジマッピング　76
テクノロジマッピング　182
テクノロジライブラリ　181
デコーダ　192
デザインルール　119
テストベクトル　182
データ型　185
データ信号　91
データ線　96
データバス　91
デプレッション型　37, 106
電界効果型トランジスタ　24
電源遮断　78
転写　122
伝送速度　207
伝導体（電導体）　16
伝導電子　17
伝播遅延時間　180
銅　115, 134
同期型順序回路　87
動作解析　9
動作記述言語　178
動作記述ファイル　178
動作曲線　48
動作合成ツール　180
動作周波数　75

動作速度　24
動作点　9, 48
同次常微分方程式　71
動的な機能検証　180
動的タイミング検証　182
動的部分再構成　175
導電性ペースト　144
銅薄膜　152
銅張積層板　155
特殊解　71
トップダウン設計　159
トーテムポール出力回路　65
ドナー　18
ド・モルガンの法則　56, 197
ドライエッチング　131
ドライフィルム　155
トランジスタ　1
トランジスタレベル設計　55
トランスファゲート　58
トランスミッションゲート　58, 86, 174
ドリフト現象　20
ドレイン　25
ドレイン電極　113
ドレイン電流　26, 116
トレンチ　103
トンネル電流　105

な 行

内蔵電位　20
内部信号宣言　187
内部電界　20
入出力セル　161
入出力パッド　161
ニューラルネットワーク　151
ネガティブエッジ　189
ネガティブエッジ（ダウンエッジ）型　87
ネガレジスト　131
熱硬化処理　153
熱酸化　120, 132
ネットリスト　181
ノイズマージン　12
ノーマリオフ型　37, 106
ノーマリオン型　37, 106

は 行

ハイインピーダンス状態　198
灰化　132
配線　70, 122, 140
配線経路探索　164
配線層　115
配線層数　164
配線領域　161, 165
排他的論理和　59
配置・配線問題　165
バイポーラトランジスタ　24, 39, 115
破壊読み出し　99
バス　91, 197
パストランジスタ　57
バックアノーテーション　183
バックエンド　127
バックエンド設計　177
バックグラインド　144
パッケージ　140
パッシベーション膜　115, 127
発熱　141
バッファ回路　85
ハードウェア記述言語　179, 184
ハード・ソフト協調設計　179
ハードマスク　122
パワー・ゲーティング　78
半加算器　167, 186
ハンダ槽　157
ハンダボール　147
ハンダ面　157
ハンダレジスト　156
反転層　26
半導体　16
半導体ウェーハ　112
半導体チップ　1
汎用集積回路　159
ビアプラグ　126
ビアホール　126, 153
ひずみトランジスタ　138
ヒ素　194
ビット線対　93
非同次常微分方程式　71

非ノイマンアーキテクチャ　151
ビヘイビア記述言語　178
非飽和領域　34
非飽和論理回路　66
ヒューズ　170
標準化　183
表面実装型　145
表面実装方式　146
ビルドアッププリント基板　156
ビルドアップ法　156
ピンチオフ電圧　34
ピン取り出し　140
ピンネック　140
ファンアウト数　53
フィードバック　84
フィールド酸化膜　113
封止　142
フォトマスク　122, 177
フォトリソグラフィ　129
フォトレジスト　122, 129
フォトレジスト除去　132
フォールデッドビットライン方式　99
フォワードアノテーション　183
不活性ガス　142
不揮発性　90
不揮発性メモリ　83, 104
複合ゲート　46
不純物　16, 122, 128, 135
不純物拡散法　135
不純物制御　78
歩留まり　127, 137, 140
フットプリント　156
部品面　157
浮遊ゲート　104
浮遊ゲートトランジスタ　104, 170
ブラインドビアホール　154
フラッシュメモリ　83, 90, 104
プリチャージ　97
フリップフロップ　83
プリプレグ　153
プリント基板　140, 152
フルカスタムLSI　158
フレキシブルプリント基板　152

プレーナ構造　30, 42
フロアプラン　183
フロアプランナ　183
プロキシミティ法　130
プログラマブル・ロジックデバイス　159, 167
プロセッサ　82
フローティングゲート　104
フローティングゲート・トランジスタ　83, 104
フローハンダ槽　157
プローブカード　142
プローブ針　142
フロントエンド　127
フロントエンド設計　177
負論理　5
分布定数回路　208
平坦化　124, 135
ベーシックセル　161
ベース　40
ベース電流　40, 41, 116
ベリードビアホール　154
ポアソン分布　137
ホウ素　17
飽和型論理回路　66
飽和状態　65
飽和領域　34
ポジティブエッジ　188
ポジティブエッジ（アップエッジ）型　87
ポジレジスト　131
ホットエレクトロン効果　105
ボトムアップ設計　158
ポート名　185
ポリイミド　152
ポリサイド電極　206
ポリシリコン　113, 121
ポリセル　165
ボルツマン定数　23
ホールド時間　89
ボンディングパッド　144
ボンディングワイヤ　144

ま　行

マイクロプロセッサ　1
前工程　140

マクロセル　163
マスク ROM　90
マスタースライス　163
マルチ V_{DD}　76
マルチ V_{th}　78
マルチエミッタトランジスタ　64
マルチゲートトランジスタ　138, 206
ムーアの法則　138, 157, 206
メガセル　166
メタステーブル状態　89
メタルマスク　156
メッキ　155
メッキ法　133, 134
メモリ　82
メモリカード　106
メモリ空間　92
メモリセル　92
メモリセルマット　95
モア・ザン・ムーア　157, 207
モード型　185
モールディング　145
モールド用樹脂　145

や 行

予測配線長　182

ら 行

ライブラリ宣言　185
ラジアル機　157
ラッチ　82
ラッチアップ　114
ラピッドプロトタイピング　175
リーク電流　77
リード　144
利得係数　38
リフレッシュ動作　94, 100
リフロー炉　157
両面プリント基板　153
リン　17

ルックアップテーブル　173
レイアウト図　114
レイアウト設計　177
レイアウトルール　119
冷却　141
冷却フィン　75
レーザ補修　151
レジスタ　82
レーシング　203
列アドレス選択　101
列選択デコーダ　95
レティクル　130
レベルシフトダイオード　64
連接演算子　187
レントの法則　157, 207
露光　122, 130, 155
論理エミュレータ　175
論理演算子　188, 192
論理回路　2
論理回路の簡単化　174
論理ゲート　2
論理検証　182
論理合成スクリプト　181
論理合成ツール　181
論理式　12
論理しきい値　11
論理しきい電圧　11
論理シミュレーション　175
論理シミュレータ　177
論理振幅　63
論理設計　177, 181
論理値　4
論理値の転送　49
論理ブロック　172, 173
論理マージン　12

わ 行

ワイヤーソー　128
ワイヤボンディング　145
ワード線　93

著者略歴

安永　守利（やすなが・もりとし）
- 1981 年　筑波大学第三学群基礎工学類 卒業
- 1983 年　筑波大学大学院工学研究科修士課程 修了
- 1983 年　株式会社日立製作所（中央研究所）入社
- 1994 年　博士（工学）取得
- 1996 年　筑波大学電子・情報工学系 助教授
- 2004 年　筑波大学大学院システム情報工学研究科 教授
- 2011 年　筑波大学システム情報系 教授，現在に至る

編集担当	藤原祐介（森北出版）
編集責任	石田昇司（森北出版）
組　　版	中央印刷
印　　刷	同
製　　本	協栄製本

集積回路工学　　　　　　　　　　　　　　　　　© 安永守利　2016

2016 年 10 月 11 日　第 1 版第 1 刷発行　【本書の無断転載を禁ず】

著　者　安永守利
発行者　森北博巳
発行所　森北出版株式会社
　　　　東京都千代田区富士見 1-4-11（〒102-0071）
　　　　電話 03-3265-8341／FAX 03-3264-8709
　　　　http://www.morikita.co.jp/
　　　　日本書籍出版協会・自然科学書協会　会員
　　　　JCOPY ＜（社）出版者著作権管理機構　委託出版物＞

落丁・乱丁本はお取替えいたします．

Printed in Japan／ISBN978-4-627-77571-8